天宫一号在轨运营三周年

　　天宫一号于 2011 年 9 月 29 日发射并顺利入轨。三年来，天宫一号先后与神舟八号、神舟九号和神舟十号飞船圆满完成 6 次自动和航天员手控空间交会对接，完成了航天器组合体控制与管理、航天员在轨驻留保障、航天员在轨维修操作等一系列技术试验验证，开展了对地遥感应用、空间物理与环境探测和空间材料实验，获取了大量有价值的数据信息和十分丰硕的应用成果，为中国载人空间站研制建设和运营管理积累了十分宝贵的经验。天宫一号还是中国第一个"太空教室"，在神舟十号飞行任务期间，航天员王亚平在聂海胜、张晓光的配合下，为全国 6000 多万中小学生进行太空授课，引起了强烈的社会反响。

　　为了充分发挥天宫一号的综合效益，2013 年 6 月神舟十号飞船返回后，中国科学家针对天宫一号超设计寿命飞行的特点，综合考虑飞行器自身的平台状态和设备功能，以及中国后续载人航天技术试验验证需要，科学制定天宫一号飞行任务规划，精心运营维护，严密实施监控，先后进行了多项拓展技术试验和验证。目前天宫一号运行状态良好、各类装载设备功能正常，具备继续在轨工作条件，有关部门将对天宫一号密切跟踪监控、科学维护管理，尽可能延长其在轨运行寿命，为继续开展空间应用与拓展试验奠定基础。

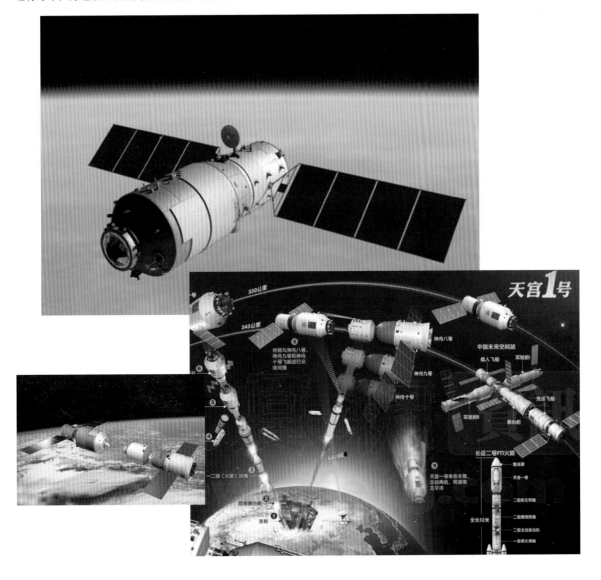

第 27 届太空探索者协会年会在中国召开

　　2014 年 9 月 10 日至 15 日，由太空探索者协会与中国载人航天工程办公室主办的第 27 届太空探索者协会（ASE）年会在中国召开。本次年会的主题是"合作：共圆人类航天梦"。来自十九个国家的近百名航天员齐聚北京，共同回顾国际载人航天项目，探讨未来国际载人航天计划与合作项目。

　　太空探索者协会成立于 1985 年，协会的宗旨是为全世界执行过载人航天飞行任务的航天员提供专业的对话论坛，增加人类对宇宙科学与探索的受益，促进科学教育，启发青少年，增强环保意识，倡导以和平利用外空的原则开展国际合作等。至今，已吸纳来自世界 35 个国家的 395 名航天员，是当今国际上最具影响力的航天员组织。

2014 世界载人航天十大事件

（按时间顺序）

国际空间站演示高速传送高清视频

6月5日，NASA 成功进行"激光通信光学有效载荷"（OPALS）的演示验证，利用极细激光束，将一段 175 兆比特的高清视频《你好，世界！》，用时 3.5 秒传回地球，激光束功率 2.5 瓦，波长 1550 纳米，传输速率最高达到每秒 50 兆比特。

第 27 届太空探索者协会年会在中国举行

9月10日至 15日，第 27 届太空探索者协会（ASE）年会在中国举行，本届年会由太空探索者协会与中国载人航天工程办公室主办，年会主题是"合作：共圆人类航天梦"。来自十九个国家的近百名航天员齐聚北京，共同回顾国际载人航天项目，探讨未来国际载人航天计划与合作项目。

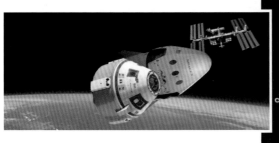

NASA 授出价值 68 亿美元的商业乘员运输合同

9月16日，NASA 授予 SpaceX 公司和波音公司价值 68 亿美元的合同，共同为其执行未来国际空间站载人任务。如果一切按计划进行，这两家公司将减少或彻底终结 NASA 对俄罗斯载人发射服务的依赖。首次载人验证飞行任务将于 2017 年进行。

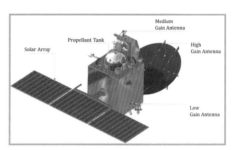

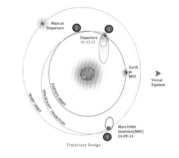

印度首颗火星探测器顺利进入火星轨道

9月24日，印度首个火星探测器"曼加里安"号成功进入火星轨道，开始其环绕火星的科学探测活动。"曼加里安"号使印度成为亚洲第一个，同时也是继美国、苏联和欧洲航天局之后第四个成功探测火星的国家或组织。

中国成功完成探月再入返回飞行试验

10月24日，中国自行研制的探月工程三期再入返回飞行试验器，在西昌卫星发射中心用长征三号丙运载火箭发射升空。11月1日，再入返回飞行试验返回器在内蒙古四子王旗预定区域顺利着陆，我国探月工程三期再入返回飞行试验获得圆满成功。

美国轨道科学公司"安塔瑞斯"火箭爆炸

10月28日，美国轨道科学公司执行第三次"商业补给服务"合同任务的"安塔瑞斯"130火箭在发射升空后6秒发生爆炸，火箭落回发射台时又引起了二次爆炸，火箭及其搭载的"天鹅座"飞船随即损毁，所幸并未造成人员伤亡，但地面系统受到的损失非常严重。

人类探测器"菲莱"成功登陆彗星

11 月 12 日，欧洲航天局位于德国达姆施塔特的欧洲空间运转中心确认，欧洲航天局的彗星着陆器"菲莱"已成功登陆彗星"丘留莫夫—格拉西缅科"，"丘留莫夫—格拉西缅科"现距离地球约 5 亿千米，这是人造探测器首次登陆一颗彗星。

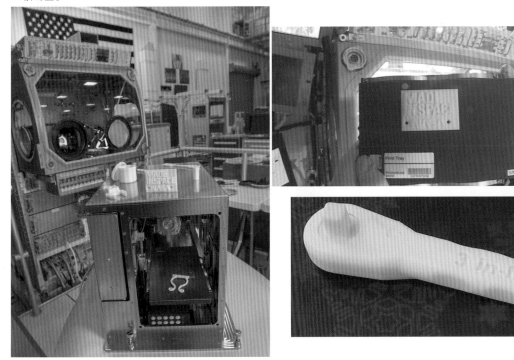

国际空间站成功完成首个空间 3D 打印项目

11 月 17 日，NASA 航天员将 3D 打印机安装在国际空间站；11 月 24 日，地面控制人员向打印机发送打印指令；11 月 25 日，国际空间站上的 3D 打印机完成了首个空间 3D 打印项目。首个在空间 3D 打印出的物体是打印机本身的零部件——3D 打印机的外壳面板。

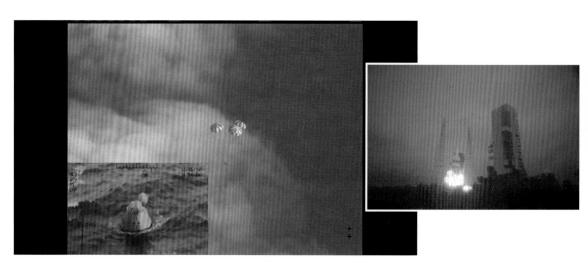

NASA "猎户座"飞船成功进行首次飞行试验

12月5日，NASA的"猎户座"飞船在卡纳维拉尔角航天发射厂使用联合发射联盟（ULA）的"德尔它"4H运载火箭进行了首次无人飞行试验，试验持续约4小时24分钟，飞船绕地球轨道飞行两周，第二周远地点升至约5800千米，随后乘员舱以每秒约8900米的速度再入，溅落于太平洋上之后打捞回收。"猎户座"飞船将于2021年用于载人任务，此次飞行试验对飞船部分系统运行状态及安全性进行了测试。

俄罗斯首次成功试射"安加拉"大型运载火箭

12月23日，俄罗斯大型运载火箭"安加拉"A5在普列谢茨克发射场成功试射。此次任务将一个模拟通信卫星送入了地球静止轨道。"安加拉"是苏联解体后首个由俄罗斯独立研制的系列火箭，全面投入使用后将取代"质子"火箭成为俄罗斯的主力火箭。

2014 世界载人航天发展报告

中国载人航天工程办公室

国防工业出版社

·北京·

内 容 简 介

本书在全面跟踪2014年世界载人航天活动及技术发展的基础上,以独特的视角展现了年度主要国家载人航天领域的发展动态与趋势,深入研究了美国载人航天未来发展方向及商业航天活动的特点,详尽梳理了俄罗斯"安加拉"系列火箭的研制和试验情况,提炼了国外主要航天国家重大项目进展情况,深刻分析了其研发思路和发展特点,总结了围绕新型空间运输系统研制的重点技术验证活动,阐述了技术应用前景及对未来产生的影响。同时,报告按照载人运载器、载人航天器、航天员、载人航天发射场及空间站科学与应用系统,对国外2014年的发展概况进行了综述。

本书力求覆盖世界载人航天领域2014年发展全貌,内容具体全面,分析深入浅出,适合本领域工程管理人员、相关专业工程技术人员和航天爱好者阅读。

图书在版编目(CIP)数据

2014 世界载人航天发展报告/中国载人航天工程办公室编. —北京:国防工业出版社,2015.4
ISBN 978 – 7 – 118 – 10135 – 5

Ⅰ.①2… Ⅱ.①中… Ⅲ.①载人航天 – 研究报告 –
世界 – 2014 Ⅳ.①V4

中国版本图书馆 CIP 数据核字(2015)第 115448 号

※

*国防工业出版社*出版发行

(北京市海淀区紫竹院南路23号 邮政编码100048)
三河市腾飞印务有限公司
新华书店经售
*
开本787×1092 1/16 印张14 字数173千字
2015年4月第1版第1次印刷 印数1—1500册 定价88.00元

(本书如有印装错误,我社负责调换)

国防书店:(010)88540777　　　　发行邮购:(010)88540776
发行传真:(010)88540755　　　　发行业务:(010)88540717

《2014 世界载人航天发展报告》
审稿人员名单

审　定　余同杰　杨利伟　武　平
审　稿　冯中堂　马建林　真　溱
　　　　赵相安　郭佳子

《2014 世界载人航天发展报告》
编撰人员名单

撰　稿　廖小刚　李　洲　周　鹏　郭　凯
　　　　田　莉　才满瑞　冷伏海　郭丽红
　　　　魏晨曦　强　静　管春磊　赵　晨
　　　　张　蕊　郭筱曦　曲　晶　龙雪丹
　　　　杨　帆　韩　淋　王　霄　王岩松
　　　　张智慧　张　峰　刘　爽　杨　开
　　　　郭世杰　王海名　张绿云　黄长梅
　　　　谢晓芳

编　辑　廖小刚　王岩松　田雅文

前　言

　　2014 年, 中国载人航天因没有飞行任务而略显平静。期间, 天宫一号目标飞行器在轨安全稳定运行超过三周年。三年多来, 天宫一号先后完成多次自动和手控交会对接、突破和掌握了交会对接和组合体控制技术, 接纳了两批共六名航天员驻留、验证了在轨中长期飞行的生命保障技术, 完成了一系列科学实验和技术验证工作, 为空间站的研制建设及其运营管理积累了宝贵经验。与此同时, 空间实验室任务在紧锣密鼓向前推进, 天宫二号空间实验室已进入电测阶段, 天舟货运飞船和长征七号运载火箭研制工作扎实推进, 海南发射场基本建成, 并完成了与货运飞船和长征七号运载火箭的合练。空间站研制建设进展顺利, 三个舱段及有效载荷、长征五号 B 运载火箭、航天员选拔训练等相关工作都在有条不紊地进行。

　　2014 年, 国际载人航天发生了很多有标志性的事件。国际空间站的延寿争议、3D 打印项目、激光高速通信试验, 以及欧洲"自动转移飞行器"货运飞船的收官飞行等, 更加引发了人们对国际空间站乃至近地空间载人航天未来的思考。"天鹅座"货运飞船正式执行国际空间站货运任务、NASA 授出价值 68 亿美元的商业运输合同、"太空船二号"试飞时坠毁、"安塔瑞斯"火箭爆炸、"猎鹰"火箭多次回收试验均未能圆满成功等, 这为商业化载人航天的发展增加了更多变数。"好奇"号火星车完成第一个火星年任务、"猎户座"飞船成功进行首次飞行试验、"菲莱"成功登陆彗星、"安加拉"火箭试射成功, 似乎预示着载人航天走向深空的大门正在徐徐打开。

　　今年的《世界载人航天发展报告》(以下简称《发展报告》)共分

三篇。其中,专题篇梳理了 2014 年国外主要航天国家在载人航天领域的整体发展、顶层设计以及实施策略,分析了各国愈加坚定载人航天发展目标、推进新一代载人航天系统研制、大力推动商业航天发展的态势;总结了 2015 财年美国载人航天经费预算及载人航天商业化进展;阐述了俄罗斯新型火箭研制项目的进展,分析了其研发思路和发展特点;2014 年美国提出将国际空间站延寿至 2024年,但受政治和经济因素影响,各参与国尚未最终表态,延寿仍存疑问等。专题篇围绕支持人类在轨长期驻留的前沿技术,详尽分析了技术应用前景及对未来产生的影响。综述篇总结了 2014 年载人航天运载器、航天器、航天员和空间科学应用等领域的发展动态。附录篇盘点了 2014 年载人航天领域的大事,摘录了翻译 NASA 公布的重大政策报告。

参加《发展报告》编撰的单位有:中国国防科技信息中心、北京跟踪与通信技术研究所、中国航天员科研训练中心、北京特种工程设计研究院、中国科学院文献情报中心、北京航天长征科技信息研究所和北京空间科技信息研究所等,在此一并表示感谢!

中国载人航天工程办公室
2015 年 4 月

目　录

专　题　篇

综　述　篇

附 录 篇

专　题　篇

2014 年国外载人航天发展综合分析

摘要:2014 年,国外载人航天领域保持积极稳步的发展态势,由大国主导的深空探索战略持续快速推进,新一代载人航天系统研制进展顺利,载人航天能力不断完善之中。本文综述了 2014 年国外载人航天领域的发展动态,梳理了各领域探索研究的系列成果,并分析了重型运载火箭、新型飞船及商业航天能力的发展走向。

2014 年,国外主要航天国家进一步明晰载人航天未来发展的目标与实现途径,大力推进新一代载人航天系统的研制,载人航天与深空探索领域取得诸多显著成果。

2014 年,美国持续坚定推进其"月球以远"空间探索计划。面对国内对载人航天未来发展存在的较大争议和分歧,2014 年 6 月,美国国家科学研究委员会(NRC)依据《NASA 授权法案》的要求,公布了《探索途径:美国载人空间探索计划的理由与方法》,强调坚定发展载人航天符合美国的国家利益,重申载人登陆火星是目前美国可行的终极目标。NRC 报告在对载人航天进行充分评估与鉴定的基础上,不仅正面回应了美国国内关于载人航天发展的争议,而且还为实现载人航天可持续发展提出了可行性建议。此外,NASA 公布了火星探索计划阶段性工作报告《探索外太空:NASA 迈向火星之路的下一步》和《2014 战略规划》,表明 NASA 正在制定长期、灵活和可持续发展的空间探索体系架构,并坚定不移地推进这场"进化型火星战役"。12 月,美国联邦政府综合拨款法案颁布,根据法案条款,NASA 2015 财年的总经费为 180.1 亿美元,比预算申请多 5.5 亿美元,比已批准的 2014 财年预算多 3.6 亿美元。由 NASA 下一财年预算申请和综合拨款法案可以看出,美国依然将载人航天长远发展作为国家发展战略的关键组成部分,在财政上持续投入,扩大载人航天活动规模,确保其载人航天领先地位。

俄罗斯在积极进行航天工业体制改革的同时,持续推进航天技术的发展,进一步规划载人航天未来发展。2014 年 2 月,俄罗斯发布《2030 年前使用航天成果服务俄联邦经济现代化及其区域发展的国家政策总则》,该政策是俄罗斯对航天长远发展及成果应用的又一次战略谋划,旨在加速国家经济现代化及区域发展,保证和巩固俄航天强国地位。俄罗斯联邦航天局 2014 年制定并提交了《2016—2025 年联邦航天计划》草案,对一些重要任务进行明确和细化,以确保按期完成长远目标。未来,俄罗斯将以月球基地作为深空探索的前哨,推进火星和其他行星探索活动。为使该规划能够顺利实施,俄罗斯联邦航天局还计划为此注资 2.436 万亿卢布,比《2006—2015 年联邦航天规划》的投资金额高两倍。2016—2025 年期间,俄罗斯航天领域要完成的任务包括:建成“东方”航天发射场,以实现重型运载火箭的发射任务;研制机器人航天员,为国际空间站航天员出舱活动提供支援;研制新型载人飞船并对其进行测试。虽然俄罗斯制定了一系列目标明确、规划清晰的长期发展战略,但由于航天工业体制改革尚在进行中,在具体执行上还存在不确定性。俄意欲恢复航天大国地位,谋求安全稳定、高水平的航天优势领域还需时日,值得关注。

一、新一代航天系统研发稳步推进,载人航天能力不断提高

2014 年,主要航天国家用于未来深空探索的新型航天运输系统取得阶段性研制成果,针对长期飞行任务的航天员系统准备工作全

面展开,商业航天作为政府空间运输能力的有力补充继续保持高速发展势头。

（一）大推力火箭仍是主要航天国家发展的重点

2014 年 8 月,美国执行载人深空探测用的新一代重型运载火箭航天发射系统(SLS)项目顺利通过里程碑事件——关键决策点 C 评审,标志着 SLS 项目进入详细设计和制造阶段。在分系统研制方面,J-2X 上面级发动机完成持续了数年的全部试验,ATK 公司成功完成了五段式助推器的热试车;芯级发动机陆续开始试验,计划 2015 年全部完成。同时,用于 SLS 重型火箭大型部件焊接组装的相关工装已陆续投入使用。美国集中政府资源推进 SLS 重型火箭的研制工作,预计 2015 年通过该项目的关键设计评审,2018 年实现低地球轨道(LEO)能力为 70 吨的火箭构型,2021 年执行首次载人任务,最终在本世纪 30 年代实现载人火星探测。

俄罗斯重型火箭项目进入论证阶段,按计划将分两个阶段实施,第一阶段研制运载能力 70~80 吨的运载火箭,第二阶段研制运载能力达 130~180 吨的运载火箭。俄"安加拉"轻型运载火箭在 7 月 9 日成功首飞,标志着历经 20 年研制与发展的"安加拉"系列运载火箭取得初步成功,同时也拉开了俄罗斯运载火箭更新换代的序幕。12 月 23 日,俄罗斯"安加拉"A5 大型运载火箭从普列谢茨克首次成功发射。"安加拉"A5 火箭起飞质量 773 吨,能够将质量 25 吨的有效载荷送入低地球轨道,这是俄罗斯火箭工业历史上重要的里程碑事件,标志着俄罗斯独立进入空间能力进一步增强,展示了俄罗斯在航天领域的传统优势。

印度 1 月 5 日成功发射"地球同步轨道卫星运载火箭"-MK2(GSLV-MK2),首次验证了印度自主研制的低温上面级技术,使印度成为继美国、俄罗斯、欧洲、日本和中国之后,第六个掌握该技术的国家,为满足印度未来深空探测以及载人航天的发射提供了技术保障。12 月 18 日,印度完成起飞重量为 603 吨的

GSLV – MK3 运载火箭的亚轨道飞行试验,验证了 GSLV – MK3 的飞行稳定性与搭载的"乘员舱大气再入试验飞行器"(CARE)的再入性能。GSLV – MK3 主要为满足印度大型卫星及载人航天的发射需求,并为争夺国际商业发射市场做准备。

(二) 新型载人飞船研制不断加速

NASA 的"猎户座"飞船 12 月 5 日由"德尔它"4 火箭发射升空,成功完成了首次无人飞行试验,验证了发射中止系统、降落伞展开、隔热罩、辐射水平及抗辐射能力、计算机能力等技术。飞船到达约 5800 千米的深空,这是自"阿波罗"计划结束后的 42 年来,首个进入如此远深空的载人航天器,被称为"美国载人航天发展的新起点"。"猎户座"飞船一旦研制成功,不仅将打破目前俄罗斯航天员运输的垄断地位,也将为美国载人深空探索奠定坚实基础。

俄罗斯持续推进新型载人飞船 PTK NP 的研制,2014 年预算草案中为其申请的资金为 607 亿卢布。PTK NP 飞船能搭载 4 名航天员进行探月飞行,预计 2018 年建成。2021 年至 2023 年,PTK NP 将在近地轨道进行 3 次无人任务;2024 年进行首次载人任务。新型飞船可有效解决"联盟"飞船空间狭小的问题;座椅使用弹性材料,使航天员更加舒适;安装了软着陆发动机和 4 个起落架的返回舱使着陆更安全。

印度于 2014 年 12 月成功完成"乘员舱大气再入试验飞行器"再入飞行试验,飞行试验历时 19 分钟,任务结束后乘员舱溅落在孟加拉湾安达曼群岛附近海域,此次试验验证了乘员舱再入大气层时隔热罩和降落伞等性能。该乘员舱直径 3.1 米,长 2.68 米,重约 3.7 吨,可容纳 2～3 名航天员。随着大推力火箭和载人飞船研制工作的不断推进,在深空探测领域取得一连串成功之后,印度正在加快推进其载人飞行计划,印度正向着独立自主开展载人航天的目标迈近。

（三）面向长期飞行任务的航天员系统准备工作全面展开

2014 年，主要航天国家针对未来航天员长期空间飞行和深空载人探索任务的航天医学实验与航天员装备研发进展顺利。NASA 将在 2015 年实施为期一年的航天员驻站任务。

NASA 人体研究计划联合国家航天生物医学研究所共遴选出 38 项提案，以研究航天员在未来执行深空探索任务时的健康与绩效，如对航天员骨骼、视力、免疫系统的影响等。此外，还针对长期飞行开展了形式各异的训练课程："极端环境任务行动"试验评估了从小行星到月球和火星重力场下执行探索任务所需要的工具和技术；"虚拟空间站"项目模拟长期驻留飞行任务对整个航天员系统带来的影响；海上搜救训练提升了航天员自救和生存能力。

（四）商业航天发展迅速但安全性值得关注

2014 年被 NASA 称为商业载人航天"关键年"，NASA 于 9 月授予美国空间探索技术（SpaceX）公司和波音公司"商业乘员运输能力"（CCtCap）合同，执行 2017 年以后国际空间站乘员运输任务，合同总价值 68 亿美元。美国希望商业航天能力的成熟可使其尽快摆脱对俄罗斯乘员运输的依赖。之后，NASA 发布"商业补给服务"（CRS）第二轮招标书，表明美国正逐步把低地球轨道的空间运输交付商业公司。此外，NASA 还提出寻找创新方式与商业公司合作继续开展空间探测活动，探索通过合营方式开展月球及月球以远的载人深空探索。

为满足长期发展需要，商业公司不断探索新型航天运输技术。SpaceX 公司正在研究可重复使用技术，尝试实现"猎鹰"9 – 1.1 型火箭一子级的海上回收；轨道科学公司计划进行空射型"安塔瑞斯"火箭试验，以提高运载能力；美国比格罗宇航公司正在研究利用可膨胀结构技术生产新型航天器构架，这种结构具有轻质、耐久、低成本的特点，将有可能改变运输和保护航天员的方式。

随着美、俄政治关系日趋紧张,美国独立承担载人航天任务的需求愈加迫切。不过,发生在 10 月的两起事故给商业航天敲响警钟:美国轨道科学公司的"安塔瑞斯"火箭搭载"天鹅座"飞船发射升空后约 6 秒发生爆炸,船箭俱毁并严重破坏了地面发射设施;维珍银河公司"太空船二号"亚轨道飞行器在动力飞行测试中坠毁,机上两名飞行员一死一重伤。尽管美国发展商业航天运输能力的方向不会动摇,但政府应进一步加强对商业航天活动的风险控制,确保提供安全、可靠的商业乘员和货运服务。

二、国际空间站应用成果丰硕,是否延寿成为关注焦点

2014 年,国际空间站共进行了 13 次运输任务,其中俄罗斯发射了 4 艘货运飞船和 4 艘载人飞船,美国商业公司发射 4 艘货运飞船,欧洲发射 1 艘货运飞船。国际空间站上的航天员共进行了 7 次出舱活动,完成了诸如更换空间站故障配件、安装科研仪器等任务。

(一) 科学研究和技术验证成为国际空间站应用重点

2014 年,国际空间站在科学研究和空间技术验证领域继续扮演重要角色。4 次长期考察团任务中,在技术开发与验证、人体研究、物理科学、教育活动和推广、生物学与生物技术及地球与空间科学 6 大研究领域共开展了 200 项科学研究实验。6 月,美国宇航学会(AAS)、NASA 和空间科学促进中心(CASIS)联合举办了以"发现、应用和机遇"为主题的第三届国际空间站研究和发展大会,来自各界的代表探讨了空间站成果对地球上人类带来的长久利益,如对地观测、癌症治疗手段等成果已广泛造福于人类。

随着低地球轨道载人探索技术的不断成熟,为未来深空探索验证关键技术已成为国际空间站应用阶段的发展重点。2014 年,多项航天技术的验证工作在国际空间站上开展:机器人燃料加注任务稳步推进,将为人类扩展空间探索、在轨维修和航天器延寿带来重大

影响；小立方体卫星释放任务可有效验证卫星编队、组网等技术；NASA 喷气动力实验室利用国际空间站开展的激光通信试验验证了天地激光传输指向与跟踪能力，传输速率达到 30～50 兆比特/秒；首台空间 3D 打印机 8 月运抵国际空间站，并在微重力环境下完成了首次 3D 打印，为未来降低发射成本、建立空间基地、创造全新的航天器设计理念提供技术基础……国际空间站已经成为重要空间科学实验和技术验证的良好平台，是人类迈向更遥远空间的起始点，同时为正在蓬勃兴起的商业航天提供了更多机遇。

（二）国际空间站能否再次延寿仍存疑问

国际空间站参与国于 2010 年一致同意将国际空间站的使用期限由 2013 年延长至 2020 年。为使国际空间站应用潜力实现最大化，并带来更多经济和社会效益，同时也为商业航天的发展带来更多机遇，2014 年初美国提出希望将国际空间站使用寿命再延长至 2024 年。对于这一提议，俄罗斯的态度出现摇摆。由于受乌克兰政治危机的影响，美国对俄罗斯采取多项制裁措施，为此，俄罗斯改变了初期大力支持延寿的态度，俄副总理罗戈津 5 月公开表示拒绝美国再次延寿的提议，同时宣布中断与美国的部分航天合作。不过，美、俄在国际空间站上的合作关系是否真正走向决裂还是未知数。首先俄罗斯的航天发展同样离不开美国等西方国家的经济支持；其次，两国的航天合作是两国政治关系的直接体现，未来两国关系一旦转好，航天合作也可能随之好转。此外，双方对已签订的载人航天协议，如航天员运输协议和航天员一年驻站试验协议等，都未提出异议，俄罗斯并未完全关上与美国开展载人航天合作的大门。

三、深空探测成果斐然，火星与小行星仍是探索热点

火星和小行星以及月球探测已成为全球空间活动的一个重点，作为彰显大国地位的重要战略性领域，深空探测越来越受到重视。

（一）火星探测技术取得重要突破

目前,全球火星探测技术发展情况看,只有美国掌握了火星表面着陆和巡视探测技术。2014 年,NASA 的"好奇"号火星漫游车完成了第一个火星年度探测任务,到达新的探索地点,发现了火星有机物的存在;火星轨道器详细地检测了火星表层和大气情况,发回的图像对确定未来人类着陆点至关重要;美国"火星大气与挥发物演变"(MAVEN)探测器 9 月 22 日进入火星轨道,用于测量火星上层大气的成分、结构和逃逸情况等。两天后印度首个火星探测器——"曼加里安"号也进入火星轨道,成为第四个实现火星探测计划的国家。美、印火星探测器成功入轨,掀起火星探测新高潮,尽管各航天国家近期目标并不一致,但都以载人登陆火星作为长远发展目标。

（二）月球和小行星成为探测重要目标

2014 年,NASA 的"小行星重定向任务"(ARM)获得预算支持,开始寻求目标小行星,并制定了两套捕获小行星的方案,NASA 将以此为"跳板"实现载人探索火星。俄罗斯联邦航天局在《2016—2025年联邦航天计划》草案中规划了未来探测月球、建立月球基地和载人登陆月球的愿景。日本的小行星探测器"隼鸟"2 号于 12 月 3 日成功发射,携带新的撞击装置探测小行星内部物质并实现采样返回。此外,欧洲航天局的"菲莱"探测器在彗星"丘留莫夫—格拉西缅科"上实现软着陆,这也是人造航天器首次登陆彗星表面。

国外主要航天国家和组织均制定了各自的深空探测规划,月球、小行星和火星已成为目前及未来很长一段时期主要航天国家竞争的主要"竞技场",在空间探测领域跻身国际先进行列也是成为航天强国的重要标志之一。

四、结语

2014 年,国外主要航天国家依据本国的发展战略持续推进载人航天活动,新型航天运输系统的发展向实现载人航天长远目标迈近一步。作为政府空间运输能力的补充,商业航天在能力不断成熟的同时,其安全性尤为值得关注。国际空间站上开展的科学研究和技术验证将为未来发展奠定坚实的技术基础。展望未来,美国将继续推进其"火星之旅",随着俄罗斯在优势领域的强势回归,中国、印度的迅速崛起,欧洲、日本在深空探索领域加快发展步伐,世界载人航天将呈现崭新的局面。

(中国国防科技信息中心)

解读《探索途径:美国载人空间探索计划的理由与方法》

摘要:美国国家科学研究委员会历经 18 个月的分析研究,发布了《探索途径:美国载人空间探索计划的理由与方法》报告,本文针对该报告的提出背景和意图进行了深入分析,归纳和提炼了报告的主要内容,提出了几点启示。

2014 年 6 月,按照 2010 财年《NASA 授权法案》的要求,美国国家科学研究委员会(NRC)历时 18 个月、耗资 320 万美元,发布了一份研究报告《探索途径:美国载人空间探索计划的理由与方法》(以下简称《报告》)。《报告》以实现美国载人航天的可持续发展为主题,重点分析了进行载人航天探索的根本原因,并对如何实现可持续发展提出意见与建议。

一、《报告》提出的背景与意图

2010 财年《NASA 授权法案》第 204 节要求由国家科学院对美国的载人航天探索开展独立研究,随后国家科学院下属的国家科学研究委员会成立特别委员会,对美国载人航天计划的长期目标、核心能力和发展方向进行评审,并为美国载人航天项目可持续发展提供意见与建议。可以说,《报告》提出的时机恰逢美国奥巴马政府将布什政府"重返月球"探索目标调整为"登陆火星"后美国民众对载人航天探索活动未来发展存在较大争议之时,因此《报告》旨在弥合美国内分歧,为继续推进载人航天探索活动提供理论基础与合理化建议。

（一）为美国调整载人空间探索战略目标提供依据

报告的出台源于 2010 财年《NASA 授权法案》,该法案的发布正值奥巴马政府对美国载人航天计划做出全面调整,取消布什政府时提出的"重返月球"计划,将"登陆火星"确定为新战略目标。该法案认为在载人航天长期目标没有获得公认的情况下,政治及其他因素将使载人航天计划缺乏稳定性,要求 NRC 参考 1958 年《国家航空航天法案》,2005 年、2008 年和 2010 财年《NASA 授权法案》以及奥巴马总统发布的空间政策声明,广泛征求公众和利益相关者的建议,评审载人航天的目标、核心能力和发展方向,并向公众和利益相关者阐明载人航天的价值。可以说,政策的任何重大变动需要一个权威机构进行评估与鉴定,以解释新载人航天政策与目标的合理性,因此美国会授权独立机构开展评估,为奥巴马政府调整载人探索目标提供依据。

（二）消除载人航天探索未来发展的分歧

奥巴马上台后很快决定放弃"星座"计划,转而希望 NASA 在2025 年后能将航天员送至小行星等低地轨道以外的天体,到 21 世纪30 年代中期将航天员送往火星。而美国国内对于载人航天的发展前景始终存在着尖锐的争议。批评人士认为,美国的载人航天步履蹒跚,美国智库——战略与国际问题研究中心(CSIS)发表题为《美国载人航天的艰难抉择》的文章,对美国发展载人航天持消极态度,认为鉴于载人航天在军事、经济上的作用有限,在国际政治上的影响也远不像冷战时期那样重要,美国暂缓载人航天发展不会造成严重损害。

对此,美国政府需要通过权威机构出台评审报告,说明载人航天的价值,同时表明美国政府对于发展载人航天的积极态度。

（三）为美国载人航天未来发展寻找合理途径

奥巴马政府虽然提出了以载人登陆火星为最终目标的"21 世纪空间探索战略",但对具体的技术发展途径一直模糊不定,根本原因是现有能力、资金投入和技术发展速度无法满足直接载人登陆火星要求,需要采用渐进式发展策略,利用中间目的地牵引美国当前空间探索技术的全面发展与重点突破创新,进而推动后续工程的顺利实施。月球、近地小行星、拉格朗日点以及火星的卫星均是可考虑的中间目的地,需要评估登陆各个中间目的地对载人登陆火星任务的促进作用,以及相应的技术、资金和时间进度风险,从中选出目前最可行的发展途径。

二、《报告》的基本观点与主要内容

《报告》认为,过去十年来,美国的载人航天计划由于没有"强大的方向和明确的时间计划"而缺乏稳定性,政策规划者之间对于美国载人航天计划的根本原因和未来发展一直不能统一,导致载人航天项目目标和任务规划经常因国家政策的改变发生极大变化,在资源和机会方面付出高昂代价。《报告》在大量调研分析的基础上,阐明美国"为什么要持续发展载人航天"和"如何持续发展载人航天"的核心问题。

(一)强调持续发展载人航天符合美国的国家利益

自奥巴马政府推行新的载人航天战略以来,美国国内对载人航天未来发展一直存在较大争议,认为载人航天对美军事、经济和科技贡献有限。为弥合载人航天未来发展存在的分歧、为长远目标选择提供依据以及寻找合理的发展途径,《报告》将发展载人航天的必要性归结为:"务实的根本原因"和"理想的根本原因"。其中"务实的根本原因"包括:经济利益、国家安全、国家地位和国际关系、激励学生和民众,以及科学发现;"理想的根本原因"包括:人类生存和探索未知的本性。

《报告》认为,载人探索将进一步增强美国的民族自豪感,同时也是国家领先地位、技术实力和政治胆略的象征,美国在载人航天史上取得的辉煌成就(首次实现载人登月,执行"水星"、"双子星"

和"阿波罗"任务)对增强民族自豪感起到了积极的作用。此外,载人探索将进一步加快科技进步,进一步刺激美国航天商业化发展并提供新的就业岗位,更能鼓舞一代代人持续探索创新,这些都与美国国家利益紧密相关。

（二）重申载人登陆火星是目前可行的终极目标

2010年,奥巴马政府确定了探索"月球以远"的载人航天发展新战略,以期在使美国在未来航天领域继续保持领导地位。《报告》强调,可持续发展载人航天需要一个"终极目标",并且该目标不会受到政治、经济等不确定因素的影响。分析显示,在可预见的未来,载人探索可行的目的地只能是月球、小行星、火星及其卫星。而在这些载人探索目标中,最远最难的目标就是载人登陆火星——因其需要克服前所未有的时间、成本和技术挑战。同时,载人登陆火星也最能引起普通民众的关注,从而充分发挥载人航天在软实力方面的作用。

《报告》同时指出,NASA当前由预算驱动、基于能力的策略无法实现火星探索,需要用一种由过渡目的地向前引导的策略取而代之,即以特定顺序执行过渡目的地任务,最终实现载人登陆火星。该报告评估了三种途径,来说明以不同方式执行过渡目的地任务的经济承受能力、进度、研制风险和任务频率之间的权衡。所有途径都以着陆火星表面为发展顶点,这是最具挑战性且技术上可行的目的地;每条途径都有3~6个步骤,包括小行星、月球和火星卫星任务及组合任务。

（三）阐述载人深空探索可持续发展的原则

实现载人登陆火星需要长期的巨大投入,为了使该战略计划得以持续推进,《报告》指出选择的发展路线要保证阶段性成果能够带来深远的科学、文化、经济及政治利益,证明公众投资的正确性,并设定合理的任务目标顺序,使投资者能够看到NASA取得的进步和发展的信心;将成本控制在可承受范围内,避免发生重大事故,此外还要确保对关键技术能力、操控和基础设施的有效利用。为此,《报告》提出了 NASA 开展载人深空探索应遵循的 6 条原则:

(1)致力于寻求、设计并维持低地球轨道以远的探索途径,且该探索途径需有明确的长远目标,着力解决载人航天的可持续性问题。

(2)基于国际合作伙伴的能力和意愿,及早共同设计和开发探索路线。

(3)确定能够为实现长远目标持续性前进的途径步骤。

(4)不断寻求新的合作伙伴,以解决探索途径中的技术或程序性难题。

(5)制定风险缓解计划,确保在出现不可预见的技术或预算问题时,可继续维持所选途径。

(6)确定探索途径的特征,确保在不牺牲探索计划长期目标的前提下,使整体的科学、文化、经济、政治及启发作用的效益最大化。

(四)强调开展国际合作特别是与中国的合作

《报告》高度重视国际合作,在其提交的 NASA 开展载人深空探索应遵循的 6 条原则中两条与国际合作有关。《报告》认为,国际合作是实现载人航天可持续发展的必要措施之一,同样国际合作也是目前载人航天探索活动的主流,各参与国都能从中受益。尽管美国载人航天探索的近期目标与国际合作伙伴的并不符合,但从最终目标来看,载人登陆火星需要"空前水平"的国际合作,"尤其是国际合作伙伴将承担很大一部分经费"。而鉴于中国空间能力的快速发展,在未来的国际合作中接纳中国也符合美国的最大利益。当前禁止 NASA 与中国进行双边合作的联邦法律,只会阻碍美国扩大国际航天合作范围,并降低登陆火星的潜在能力。

此外,只有美国禁止与中国开展航天合作,而美国的合作伙伴却一直与中国保持合作关系,美国的禁令为中国与其他航天国家加强合作创造了机会。美国未来应当重新评估当前禁止与中国进行航天合作的政策是否符合美国的长远利益,"国际合作将向中国及其他新兴航天大国、传统的国际合作伙伴开放"。

(五) 强调应继续加大经费的投入

《报告》指出,稳定且不断增长的经费投入是载人航天可持续发展的前提之一,稳定的经费投入不能随政府换届而改变。《报告》认为,如果 NASA 的预算增长仅能保持与通货膨胀水平同步,那么进行超出低地球轨道的载人航天探索将无法持续;只有当 NASA 的载人航天预算每年增加 5% ,"小行星重定向任务"、"登陆火星"等载人探索项目才能顺利实施。同时《报告》也对在经费减少或增加时,如何继续载人航天探索提出应对原则,如预算增加,也不应重新定义探索途径;预算减少,则优先考虑重大技术的研发。

三、几点启示

新世纪以来,美国对载人航天发展战略进行了多次调整,NASA 也根据国会授权组织相关机构开展了大规模论证评估。结合 NASA 近年来在载人航天领域的活动与进展,可以看出 NASA 此次开展的评估研究既有保持战略稳定性推进载人航天持续发展的意图,又有为"小行星重定向任务"营造氛围,并争取增加预算的考虑。分析美国政府和 NASA 组织开展的相关研究论证与评估,可从中获得以下几点启示:

一是载人航天发展必须立足于国家战略利益。不论是布什总统发布"重返月球"的载人航天发展战略,还是奥巴马政府提出的"21 世纪空间探索战略",美国政府和 NASA 都分头组织力量为战略开展了大量研究,并启动了相应的工程论证研究。在这些战略调整过程中,美国政府与 NASA 组织开展的评估与论证,不仅仅局限在载人航天工程建设领域,而是立足于国家整体战略需要,着重分析研究如何从政治、经济、安全与社会科学等领域推进战略的实施与发展。国会在授权 NASA 开展此次研究中,要求充分体现近年的

《NASA 授权法案》和《国家空间政策》的相关内容,并广泛征求社会团体与民众的观点。NASA 制定的发展规划都是结合当时的美国国情、国力,并服务和服从于国家战略全局。

二是载人航天战略规划始终立足于长远目标实现。美国发展航天的长远目标是确保航天领域的世界领导地位,其载人航天战略发展规划始终立足于这一国家长远目标。《报告》认为,近地轨道以远可行的载人航天探索目的地包括月球、小行星、火星卫星与在火星表面着陆,而登陆火星是可预见未来载人航天探索的终极目标。可持续发展的载人航天深空探索计划需要一个最终的长远目标,为计划实施提供长期关注,使计划不会因为发展过程中的技术障碍和事故,及复杂多变的政治进程和经济状况而中断。同时,报告还提出美国载人航天探索的近期目标与其他合作国不同,但是所有国家都将载人航天长远目标汇聚到火星这一终极目标上。可见,美国在研究论证载人航天战略规划时,始终围绕着世界航天领导地位,并通过制定和实施长远的载人航天计划,以确保其拥有航天国际领导地位。

三是战略研究评估重点突出技术创新与能力需求。美国的战略规划始终从推进载人航天持续发展的角度,重点关注科学技术的突破与载人飞行能力的提升。2010 年,美国全面调整载人航天发展战略后,NRC 制定了《NASA 一体化空间技术发展路线图(草案)》,明确了 14 个航天技术领域的发展方向,并组织力量通过大量研究论证确定了 NASA 近、中期的投资重点领域。在此次研究论证中明确提出,为实现载人登陆火星,当前的研究和开发活动应着重提升 10 个方面的优先能力:火星进入、下降与着陆,辐射安全防护,空间推进与动力等。美国希望通过当前与近期的过渡性研究计划,不断探索新技术的发展和提升载人飞行能力,为载人航天持续发展计划提供支撑。

四是载人航天研究论证应选择更高层次、更有影响的平台。美国在载人航天战略研究评估中,特别注意选择影响较大的政府研究评估机构。美国政府的航天政策与发展战略主要是由白宫科学技术委员会下辖的航天委员会开展研究论证，政府部门（如 NASA）组织的相关研究论证通常选择影响力较大的国家级研究机构组织实施。NRC 的航空航天工程委员会（ASEB）与空间研究委员会（SSB）先后召开讨论会，研究协商论证工作如何开展，并广泛征求 NASA 官员、国会主要议员对研究论证工作的意见与建议。根据这些意见与建议，NRC 将研究内容从科学与技术问题拓展到社会学、政治学与经济学等领域，并与 NRC 下辖的工程与物理科学部、行为与社会科学和教育部，以及国家统计委员会建立合作关系，共同开展载人航天计划长期目标、核心能力和发展方向的评估研究，提出推动国家载人航天项目可持续发展的建议。在研究论证过程中，执行委员会还广泛邀请各种专业背景的专家与学者参加，并认真梳理吸引消化以往此类研究取得的成果与结论，利用网络等新媒体手段征求社会各界人士对美国载人航天发展的观点、意见与建议。通过对公众观点、意见与建议的整理，仔细分析其意图、动机与可能影响，并在研究论证报告中给予高度重视。通过选择有影响的国家级研究论证平台，组建由各个专业领域专家学者组成的执行委员会，从而使其研究评估的结论更具有科学性和影响力。

（中国国防科技信息中心、北京空间科技信息研究所）

NASA2015 财年航天预算分析

摘要:2014 年 3 月 4 日,NASA 公布了 2015 财年的预算法案,预算申请总额为 174.606 亿美元,其中航天探索和航天活动仍是 NASA 发展的重点领域,预算申请 78.814 亿美元,占预算总额的 45.14%。NASA 将集中精力研制新型空间探索系统,并依靠国际空间站推进空间生存和作业能力的发展,而低地球轨道的运载任务则依靠商业航天运输发展。

2014 年 3 月 4 日,NASA 公布 2015 财年的预算法案,预算总额为 174.606 亿美元,涵盖了科学、航空、空间技术、航天探索、航天活动、设施建设等。其中航天探索和航天活动仍是 NASA 发展的重点领域,二者的预算申请分别为 39.76 和 39.054 亿美元,总和占预算总额的 45.14%,详见表 1。

表 1　NASA 2015 财年航天探索和航天活动预算申请(亿美元)

预算项目	2013 财年实际投入	2014 财年预算（法案通过）	2015 财年预算（申请）
航天探索	37.055	41.132	39.76
探索系统研制	28.838	31.152	27.844
"猎户座"飞船	11.138	11.97	10.423
SLS 项目	14.149	16	13.803
探索系统地面设施(EGS)	3.551	3.182	3.513
商业航天飞行	5.25	6.96	8.483
探索研究和发展	2.967	3.02	3.43

（续）

预算项目	2013 财年 实际投入	2014 财年预算 （法案通过）	2015 财年预算 （申请）
人体研究计划	1.467	—	1.605
先进探索系统	1.5	—	1.829
航天活动	37.249	37.78	39.054
国际空间站	27.759	—	30.508
空间站系统运行和维护	14.182	—	12.079
空间站研究	3.175	—	3.122
空间站人员和货物运输	10.403	—	15.307
空间和飞行支持	9.102	—	8.546
21 世纪航天发射工位	0.39	0.396	0.259
空间通信和导航	6.414	—	5.918
载人飞行操作	1.026	—	1.081
发射服务	0.812	—	0.83
火箭推进系统试验	0.459	0.478	0.458
总计	74.304	78.912	78.814

由表 1 中可以看出，NASA 预算倾向和重点项目包括研制探索系统、国际空间站以及商业航天飞行。探索系统是 NASA 进行深空探索的重要工具和未来发展的主要方向；国际空间站则是推进空间研究的基础；而商业航天飞行不仅可以保证 NASA 集中精力进行航天探索和空间研究，而且能够促进美国商业航天产业的发展。

一、探索系统

2015 财年探索系统研制的总预算为 27.844 亿美元，航天发射系统（SLS）、"猎户座"飞船以及探索系统地面项目（EGS）的预算分别为 13.803、10.423、3.513 亿美元。SLS 是为深空探索任务发射乘员舱和货物的重型运载火箭系统；"猎户座"飞船项目研制的载人飞船具备逃逸能力、长时间在轨生存能力以及从深空中返回再入的能力；探索系统地面项目（EGS）提供必要的发射场设施，进行 SLS 和"猎户座"飞船的准备、装配、试验、发射和回收工作。

（一）SLS 重型运载火箭项目

根据任务要求的不同，SLS 运载火箭具有灵活性和扩展性。不同构型之间采用相同的芯级，以高效、低成本地实现不同的人员和货物运输需求。SLS 初始构型可以实现 70 吨的低地球轨道运载能力，后续逐步实现低地球轨道运载能力 105 吨和 130 吨的构型。各财年主要工作如下：

2014 财年：助推器和芯级进行关键设计评审（CDR）。之后，SLS 项目将开始第一次探索任务（EM-1）飞行硬件的制造，包括过渡性低温推进级、助推器、芯级的主要部件（包括贮箱、发动机、箱间段以及前裙）和级间适配器的结构试验件。SLS 项目在 2014 财年还要完成垂直装配中心的验收以及 A-1 试验台的整修工作，用于试验芯级发动机 RS-25。此外，还要售出芯级和过渡性低温推进级的合同。

2015 财年：SLS 项目要完成关键设计评审。还将完成芯级液氢箱、液氧箱、箱间段、前裙和发动机支架，并进行验证试验。此外，还要完成 RS-25 发动机和助推器的装配制造和试验。

（二）"猎户座"飞船项目

在进行低地球轨道以远的太阳系目标探测过程中，"猎户座"飞船可以将人类送至月球以外的深空，并提供长时间的生命维持能力。各财年主要工作如下：

2014 财年：主要任务是执行探索飞行试验（EFT-1）任务，最高的轨道高度为 5800 千米，返回过程的再入速度为 32000 千米/小时。同时 EM-1 任务的飞船制造工作也将开启，开始飞船主结构和电子设备的制造。

2015 财年：主要工作将集中在 EM-1 任务的准备阶段。EM-1

任务是月球轨道的无人飞行任务,将由 SLS 重型火箭发射。继续乘员舱主结构的制造,开始装配推进系统、环境控制和生命支持系统等。"猎户座"飞船也会完成一系列的降落伞试验,并测试电气设备。最后,飞船要完成关键的项目评审。

(三)探索系统地面设施(EGS)

EGS 项目主要是对肯尼迪航天中心的地面系统和设施进行升级改造。这些设施用于 SLS 和"猎户座"飞船的组装、转运和发射。此外,还要为 EM-1 和 EM-2 任务设计新的流程和规则,用于飞船、火箭子级和逃逸系统的准备和处理。各财年主要工作如下:

2014 财年:地面设施的各种改进工作仍会继续,以支持 EM-1 发射任务。项目将进入最后设计和初步加工阶段,具体的改进包括导流槽、导流板、点火过压和噪声抑制系统。EGS 在 2014 财年还要回收 EFT-1 的乘员模块。

2015 财年:将完成地面系统的关键设计评审。继续改进移动发射台,完成地面支持设备的安装。完成 39B 发射工位导流槽的拆除工作以及推进剂加注系统和供气系统设施的改进工作。此外还包括指挥控制系统软件的安装升级、履带运输车轴承部件的替换工作等。

二、商业航天

商业航天飞行只包含商业乘员计划一个项目,2015 财年预算申请为 8.546 亿美元。

按照 NASA 的总体规划,商业乘员运输能力的发展分 4 步:第一步为商业乘员开发计划第 1 阶段(CCDev1),主要目标是低地球轨道商业运输系统的研发和技术验证;第二步为商业乘员开发计划第 2 阶段(CCDev2),NASA 延续商业轨道运输服务飞船和商业乘员开发计划,完善低地球轨道商业运输系统的研发和技术验证;第三步为商业乘员运载综合能力(CCiCap)计划,主要目标是发展包括发射场、运载器、地面操作系统和任务控制中心在内的乘员运载综合能力;第四步为商业乘员运输能力计划(CCtCap),目标是完成最后的研发、试验和鉴定活动,并在 2017 年实现乘员演示验证飞行,同时该计划还包括国际空间站乘员运输服务。

NASA 采取里程碑的形式评估商业合作伙伴的研制进度,完成之后 NASA 授予合作伙伴固定价格的合同。里程碑大多数是标识研制进程成熟的事件,例如风险降低试验、设计评审、硬件研发、飞行试验以及合作伙伴投资评估。各财年主要工作如下:

2014 财年:NASA 于 9 月授予空间探索技术(SpaceX)公司和波音公司 CCtCap 合同,执行 2017 年以后国际空间站乘员运输任务,合同总价值 68 亿美元。

2015 财年:商业合作伙伴将完成 CCtCap 合同的关键里程碑事件,证明其有能力在 2017 年实现向低地球轨道和国际空间站进行乘员运输服务。NASA 和商业合作伙伴会进行鉴定活动,确保乘员运输系统满足 NASA 向国际空间站运送乘员的要求。

三、国际空间站

国际空间站项目 2015 财年预算总计为 30.508 亿美元,包括空间站系统运行和维护 12.079 亿美元,空间站研究 3.122 亿美元,空间站人员和货物运输 15.307 亿美元。国际空间站常驻 6 位乘员,其中 3 人位于美国舱段,3 人位于俄罗斯舱段。美国舱段由美国和加拿大、欧洲及日本等合作伙伴共同运行,俄罗斯舱段则由俄罗斯运行。

(一)国际空间站的运行和维护

为保证空间站能够安全运行,确保乘员有足够的食品、水和氧气的供应,需要进行精确的计划和后勤服务。国际空间站不仅需要进行日常维护,还要应对可能出现的意外故障。要解决上述问题并不容易,航天员要执行出舱活动进行维修,同时还需要地面控制中心的支援。

为了能够让空间站乘员舒适地在太空中生活,需要地面人员进行大量的操作。地面人员持续地监控空间站的性能,提供必要的指令并与空间站乘员进行通信交流。在航天员进入太空之前,系统运行和维护项目还要为航天员进行训练。

系统运行和维护项目最重要的工作之一是即时紧急服务和分析,由地面的任务控制团队执行。工程人员和操作人员确定系统故障以及相应的解决方案,而项目的专家组则负责计划需求变更和新计划方案的优先项。

（二）国际空间站研究

国际空间站作为一个轨道平台,为空间研究提供无可比拟的能力,也为将来人类的空间探索活动开发新技术提供了环境。空间站内设置了科学实验室、实验台以及观测点,可以在近地轨道进行一系列的实验活动。国际空间站支持的研究领域包括物理学、地球科学、空间科学、生物和应用生物学、人类生理学、农业科学、化学和材料科学等。此外,国际空间站还充当了一个良好的科普和教育平台。

（三）国际空间站人员和货物运输

国际空间站需要一系列运输任务进行人员轮换;燃料补给;运送科学试验设施、关键补给和硬件维护;处理废弃物。国际空间站人员和货物运输项目同时为国际合作伙伴和国内商业运输服务商提供资金。

各财年主要工作:

2014 财年:空间站人员和货物运输项目将继续提供稳定的运输服务。在 2014 财年,SpaceX 公司将执行 3 次商业补给合同飞行任务,轨道科学公司执行 2 次商业补给合同飞行任务,"联盟"飞船的人员运输任务计划执行 4 次。

2015 财年:预计包括 4 次"联盟"飞船的载人任务,总计运送 6

名美国舱段的乘员到国际空间站。货物补给运输方面则包括轨道科学公司和 SpaceX 公司的各 3 次商业补给服务。

四、对预算的初步分析

（一） NASA 系统研制工作主要围绕 SLS 重型火箭和"猎户座"飞船开展

探索系统是保证美国在航天技术领域保持领先地位，实现其深空探索目标的基础。深空探索需要将人员或大吨位的货物运至低地球轨道以远的空间，因此必须要研制重型运载火箭和多功能乘员舱，并建设相应的地面发射设施。

从 2013 财年到 2015 财年，探索系统的预算申请维持了比较稳定的水平，每年约 27.5 亿美元左右，但实际投入的经费有可能超出这一数字。2013 财年探索系统的预算申请为 27.694 亿美元，实际投入 28.838 亿美元；2014 财年探索系统的预算申请为 27.3 亿美元，但目前 2014 财年通过综合拨款法案的经费已经达到了 31.152 亿美元（实际投入经费仍会发生变化）。由此可见探索系统在 NASA 投资领域具有很高的优先级。

（二） NASA 低地球轨道运输将依靠商业航天运输能力

在航天飞机退役之后，NASA 已经不具备向国际空间站进行人员和货物运输的能力，所以只能暂时依赖俄罗斯的运输能力。为了摆脱对国外的依赖，同时也要能够保证 NASA 主要精力投入到探索系统的研制上，美国采取了鼓励商业航天发展的策略。NASA 从 2010 财年开始了商业航天飞行计划。2013 财年成功完成了商业轨道运输服务项目，目前 NASA 已经可以依靠国内的商业航天运输公司完成空间站的货物补给能力。从 2011 财年开始商业乘员计划也在不断取得进步，计划在 2017 财年实现低地球轨道的载人运输能力。这样 NASA 就可以完全依靠国内的商业航天运输实现低地球轨道（包括国际空间站）的人员和货物运输。美国鼓励商业航天发展希望达到两个目的：一是可以解决美国政府（包括 NASA）对近地轨道运输能力的需求；二是可以形成有竞争力的商业发射服务商，促进美国航天产业的发展。

（三）NASA 国际空间站活动可促进深空探索任务发展

空间站的各类科学研究和技术演示验证以及各种实验都会推动未来长期深空探索任务所需要技术能力发展，例如自动交会对接、先进通信以及在轨航天员健康和行为等。此外，国际空间站为多个学科提供独特的实验平台，还是商业研究的实验室。由于国际空间站的运行和维护是非常复杂的过程，人员和货物的补给运输也需要多次运输服务，导致空间站的预算是航天探索和航天活动中预算最高的一项，达到了 30.508 亿美元。

五、结语

根据美国国会在 2014 年 12 月 15 日通过的法案 P. L. 113 - 235，国会为 NASA 批复的预算为 180.102 亿美元，比政府申请的多了 5.496 亿美元。其中 SLS 项目的批复费用比预算申请高出了 3.197 亿美元，"猎户座"飞船增加了 1.517 亿美元；商业航天飞行项目批复了 8.05 亿美元，比预算申请减少了 4330 万美元。批复结果基本和预算申请一致，除 SLS 项目外，其他项目的批复额度和申请额度基本符合。

（北京航天长征科技信息研究所）

美国载人航天商业化发展研究

摘要：自 20 世纪 80 年代开始，美国法律和政策已开始引导 NASA 拓展商业航天市场以降低成本、加快技术创新、提高任务效率。2010 年，奥巴马政府发布新版美国国家航天政策，鼓励美国商业航天机构的发展，帮助美国在建立新市场和创新驱动企业等方面树立领导地位。

一、美国载人航天商业发展计划

为了降低成本，将重点转至低地球轨道以远的太空探索，并弥补航天飞机退役带来的国际空间站（ISS）运输系统的断档，NASA 启动了低地球轨道商业运输计划，为国际空间站提供货物和人员运输。

随着"龙"飞船和"天鹅座"飞船低地球轨道货物运输服务的启动，低地球轨道商业运输已逐渐走向成熟。考虑到连年下调的预算，NASA 还提出寻找创新的方式与私营公司合作开展空间探索，积极探索公私合营方式进行月球及月球以远的载人深空探索，比如探索月球资源、小行星探测等。

（一）商业低地球轨道运输计划

在低地球轨道，美国正在开展商业货物和乘员运输计划，由商业公司完成国际空间站的货物和乘员运输。该计划包括"商业轨道运输服务"和"商业乘员开发"两项计划。美国众议院在 2014 年 1 月通过 2014 财年剩余时段综合开支法案，其中为 NASA 的商业载人计划提供 6.96 亿美元,远远低于奥巴马政府许诺的 8.21 亿美元。

（二）商业空间站计划

2013 年 1 月,NASA 宣布已经和比格罗宇航公司签订一份 1780 万美元的合同,为国际空间站建造一个充气式舱段。比格罗宇航公司是一家为低地球轨道建造廉价商业空间站的企业。公司已经发射两个舱段原型,此外他们还希望将其中一个舱段送至 ISS。该公司计划建立可独立运行的商业空间站,基于 BA330 模块,充气式空间站可提供 330 立方米的居住空间,最多容纳 12 名航天员。

（三）商业月球计划

2013 年,NASA 局长查尔斯·博尔登表示 NASA 不会领导实施载人重返月球计划,但不排除与其他国家或者私营企业进行合作可能性,这有利于 NASA 将资金和科研力量投入到小行星和火星探索中。

1. NASA 计划与商业公司合作开展"月球催化剂"计划

2014 年 1 月,NASA 宣布将开展"月球货物运输与软着陆方式降落"计划,即"月球催化剂"（Lunar Catalyst）计划,目的是寻求商业合作伙伴共同发展可靠性高、成本效益好的商业化机器人月球着陆器能力,将利用商业发射能力将小型（30 ~ 100 千克）和中型（250 ~ 500 千克）有效载荷运送至月球表面。

NASA 选定的商业伙伴将验证开发具有商业可行性的月球表面货物运输能力的可能性,商业公司将利用切实可行的方式实现月球着陆器开发能力,并利用现实的财政策略支持能力的开发、验证和最终的商业应用。这种开发方式能够支撑月球上的商业活动,如 NASA 感兴趣的新的科学和探索任务。NASA 计划将"月球催化剂"计划应用在下一步月球探测任务中,未来火星计划也会用到这些机器人。不同于低地球轨道商业运输,NASA 将不提供项目的资金支持,而是提供技术专家、设施租赁、设备软件等。NASA 官员格雷格·威廉斯在声明中说:"我们在商业伙伴创新方面的战略投资已经成功给国际空间站带来了商业化补给能力,接下来几年还会有商业化载人运输能力。'月球催化剂'计划将会把我们带向更远的目的地。"

2. 比格罗宇航公司商业月球基地计划

比格罗宇航公司计划与 NASA 合作,共同在月球上建立私人航天企业的月球基地,公司主席罗伯特·比格罗已向联邦航空管理局(FAA)提出个人开采月球资源申请。罗伯特说,他计划要求政府评估如何处理月球资源财产权。如果要开展商业月球基地计划,公司和资金支持者必须能够:一是享有与月球或其他星体上开展的活动相关的劳动成果;二是拥有已经勘探、开发资源的所有权,并能实际应用。没有财产权,任何吸引私营公司参与月球和深空探索的计划最终都不会成功。

(四)商业小行星计划

为了在国际空间站之后发展深空探索计划,NASA 广泛征集意见,希望能获得新的任务概念和备选技术途径,或许最重要的是寻求能分担成本的伙伴,力图形成探索、设计并最终登上小行星的计划。美国深空工业公司首席执行官戴维德·加姆珀说:"我们打算提出的基本计划,建议采用 NASA 的商业轨道运输服务(COTS)计划模式"。目前 NASA 正在深空探测方面实施类似的公私合作计划,已经同意从一些计划进行机器人探月的公司购买数据和服务。加姆珀相信,同样的商业模式有益于 NASA 的小行星探测。

(五)商业太空旅游

为了开发太空旅游资源,国外一些从事太空体验和旅游服务的公司正日益发展壮大,如英国维珍银河公司、美国比格罗宇航公司等。随着载人航天商业化发展步伐加快,太空旅游业的时代已经到来。"太空船一号"成为第一个私营可重复使用航天器,可承载 6 名乘客,执行亚轨道飞行任务。维珍公司的"太空船二号"由"太空船一号"发展而来,目前已开始预订商业飞行。

二、美国载人航天商业化管理和运作模式

（一）政府机构采用合同管理方式，拓展商业市场

自 NASA 成立以来，一直通过商业公司建造运载火箭和其他航天设备。NASA 主要采用合作模式、通过合同管理的办法对航天企业进行管理，开展载人航天任务。采取合作模式可减轻 NASA 内部和外部在资金、技术上的压力，突破技术障碍，具备技术能力。这种分担成本、共同开发的合作伙伴关系可带来新的信息资源，不仅满足了 NASA 的技术需求，还使国家受益。

很长时间以来，NASA 与商业公司的载人航天合作形式主要为合同购买航天器或部件，项目本身由 NASA 负责运营和管理。在"商业轨道运输服务"（COTS）计划中，合作方式发生转变，该计划中 NASA 购买的是服务，商业公司负责项目的整套运营，包括总体设计、研制、制造、试验、发射和运营管理等，NASA 仅负责进度、安全监管及技术支持。在 COTS 计划中，政府只有在企业完成相关的里程碑任务后才向其提供开发资金，而不再签订一个成本加利润的、开放式的研发合同，企业要比以往投入更多的自有资金。这样，能够最大程度地提高私人公司研制计划的灵活性，大大降低成本。而在 NASA 最新提出的"月球催化剂"计划中，NASA 将不提供资金支持，而是与商业公司签订没有资金资助的"空间行动协议"（SAA），期间提供专家、设施设备、软件等。

（二）商业公司借助内外因素，取得快速发展

今天的航天企业具有较强的创新意识和冒险精神，在资金上能够负担得起，许多企业还涉足其他领域。私营公司已经开发出了新技术和更廉价的运营管理流程造福空间探索事业。新的商业实体注入了私人资本并在开放的市场试验他们的技术，实现太空飞行的低成本、高可靠。

空间探索技术（SpaceX）公司成为进军航天领域最成功的私营

公司之一。除了与 NASA 签订合同执行国际空间站商业轨道运输服务(COTS)外,SpaceX 公司还与私营公司、非美国政府机构和美国军方签订发射服务合同。截至 2014 年底,SpaceX 公司已完成 4 次国际空间站商业补给服务任务。SpaceX 公司能够创造商业航天的一大奇迹,这与公司的创始人、企业文化、管理理念、美国航天工业基础、政府支持密不可分。

1. 外部因素

一是得益于美国雄厚的航天工业基础。SpaceX 公司虽然不是传统的航天企业大鳄,也没有得到 NASA 或其他航天企业的直接技术转让,但也并不是完全白手起家。公司的诞生得益于 NASA 和美国空军过去数十年时间里对航天工业的巨额投资。在 SpaceX 公司管理层中,众多高管曾在大型航天企业或政府机构任职。在 SpaceX 公司的产品中,大量使用成熟技术和成熟设备。在美国强大的装备制造业和航天工业的支持下,SpaceX 公司没有如联合发射联盟公司沉重的历史负担,加上更灵活的机制,相比竞争对手更有优势。

二是得益于美国政府对商业航天公司的大力扶持。SpaceX 公司的发展与美国政府机构的支持息息相关,对 SpaceX 公司帮助最大的是 NASA 的转变。虽然 SpaceX 公司获得了大量商业合同,但 SpaceX 公司使用"猎鹰"火箭进行商业发射次数很有限,靠已有商业合同的定金无法实现自 2007 年以来连续 4 年盈利,因此 NASA 商业轨道运输服务等项目的支持对于 SpaceX 公司的发展是至关重要的。这种来自政府的大力支持,使美国航空航天工业具有更强的竞争力。

三是得益于自由竞争市场促使成本进一步下降。对 SpaceX 公司来说,竞争压力是成本控制成功的重要因素。SpaceX 公司开发了原始设计就具备载人能力的"龙"飞船,在商业乘员运输服务的竞争中已经占尽先机。

2. 内部因素

一是公司创始人的远大目标。SpaceX 公司首席执行官和首席专家伊隆·马斯克认为,在天灾和自我毁灭(如核战)的威胁下,移民其他星球是人类文明得以延续的唯一方法。马斯克认为,有三个领域最有可能影响人类的未来,其中就包括空间探索以及最终开拓地球轨道以远的疆域,到达多个星体,而实现该目标最好的方法是普及太空旅游,使其成本可承受。没有这样胸怀大志的企业家,不可能造就 SpaceX 这样富有进取精神的公司。

二是创新、自由、进取的企业文化下造就的归属感和凝聚力。不同于波音这种大型公司的运作方式,SpaceX 公司的工作方式更像是一个网络公司,它遵循硅谷式的文化。公司所有的办公室空间都是开放式布局,马斯克也有一个开放式的小隔间。员工都很有归属感,称自己为 SpaceX 人。马斯克相信创业初期"所有人参与"的企业文化对公司实现雄伟的计划至关重要。

三是集约化管理理念(扁平化层级管理)。SpaceX 公司强调简单化、低成本和高可靠的管理理念。通过对内改变传统的管理体制、对外摒弃分包商,公司降低了成本并提高了工作效率。公司独立承担项目的整套系统,包括设计、研制、测试和制造主要部件,NASA 仅负责进度、安全监管和提供技术支持,这样降低了成本,保证更高效的质量控制,并在设计团队和制造团队之间确保高效的沟通反馈。SpaceX 公司将管理目标集中在简单、经过可靠性验证的设计上,从而降低了复杂系统的成本。

三、启示

(一) 背靠美国政府,将商业模式与政府行为有机衔接

美国十分重视航天的市场化和商业化,在出台的相关政策中,均将商业航天列为重点发展方向。

2010 年的新版《美国国家航天政策》提出通过采购政策、体制创新推动商业航天发展,并强调最大限度采购商业航天产品和服

务。在商业轨道运输计划中,NASA 为商业公司提供有力支持:开放了"阿波罗"计划中的部分技术;为商业公司的试车、试验提供各种便利条件;美军将里根陆军试验中心发射场和范登堡空军基地的 SLC - 40 发射场提供给 SpaceX 公司使用。

2013 年的新版《国家航天运输政策》,也着重提到利用商业空间运输产品和服务满足政府需求,利用与工业界的广泛合作关系推动创新;鼓励与商业公司合作,呼吁财政机构继续支持美国商业飞船的研制,以提高当前和未来美国空间运输系统的可靠性、响应能力、性能和成本效益。

截至目前,美国是唯一建立商业航天运行许可的国家,2004 年美国商业发射修订案获得通过,明确了允许乘客通过付费进行商业太空飞行、亚轨道飞行器定义、向联邦航空管理局(FAA)申请许可程序等。

(二)推动美国载人航天持续发展,提升进入和利用空间能力

把乘员运送服务转移到商业服务部门,是美国太空探索战略最为重大的一次变化。私营公司将成为研发制造航天器的主力,NASA 则负责监管。这种转变也代表了 NASA 发展道路的根本转变,从直接负责设计、商业公司为其研制,转变为商业公司的用户。这种做法虽然也有技术和项目的风险,但它创造了降低运营成本的可能性。美国对商业乘员运输服务的培育,将推动发射服务业和航天器制造业的进一步发展,形成载人航天服务市场,有助于航天产业化和国家经济发展,增强美国在全球经济的竞争优势。

通过竞争的方式设计、建造和发射商业成员和货物运输系统,也将加速载人航天技术的创新步伐,使美国更快、更频繁地到达太空,有助于改进技术能力并降低成本,这对于实现航天飞行的长期可持续发展具有重要的作用。

（三）政府实施有力监管，确保商业航天安全性

低地球轨道载人运输系统研制转向商业公司将推动载人航天领域向市场拓展，但安全性与可靠性将成为潜在的巨大的挑战和风险。对 NASA 来讲，安全是核心价值观，而且 NASA 意识到如果不能首先确保所有人员的安全，就不能取得任务的成功。NASA 将对"商业乘员开发"计划的全部阶段实施强有力的监管。通过现有的计划，例如"商业轨道运输服务"计划和"商业乘员开发"计划，工业界已经开始与 NASA 合作，设计和开发满足 NASA 目前适人性标准文档中规定的安全级别。目前 NASA 已经启动商业运输系统乘员安全认证流程。在 NASA 制定出商业乘员安全要求后，商业乘员运输将在 NASA 的安全体系规章要求下，更好地履行自己的职责，提供更加安全、可靠的国际空间站货物和人员运输服务。

（四）从低地球轨道到月球以远，不断拓展商业航天的涉足领域

考虑到预算的连年紧缩，NASA 提出与私营公司合作开展深空探索，如月球探索、小行星探索等。NASA 约翰逊航天中心前负责人、戈登·斯派克公司董事长格里·格里芬说："商业航天将最终把 NASA 解放出来，专注于推动前沿技术，并让商业部门去做绝大多数苦差事。"不难看出，在确保安全的前提下，NASA 在未来的载人空间探索任务中将大力发展与商业公司的合作，将相关的运营管理、研制等工作移交商业公司，降低自身成本，提高任务效率，自身将更多的精力投入更长远、更复杂的深空载人航天探索活动中，促进载人航天事业的更快、更好发展。

（北京空间科技信息研究所）

"安加拉"系列运载火箭及其发展分析

摘要："安加拉"系列火箭是俄罗斯研制的新一代运载火箭，其投入使用可满足俄罗斯从本土将所有有效载荷送入太空的需求，保证其独立进入太空的能力。"安加拉"系列火箭于2014年成功完成2次飞行试验，该突破性进展也标志着俄新型运载火箭的研制进入了崭新阶段，同时也为俄联邦航天计划的顺利实施、火箭更新换代提供了重要保证。

一、飞行试验情况

（一）轻型"安加拉"1.2PP火箭首飞

"安加拉"1.2PP轻型火箭于2014年7月9日从位于普列谢茨克第35号发射场的"安加拉"火箭通用发射台成功首飞。火箭一子级发动机RD-191在工作223秒后与二子级成功分离，10秒后整流罩与火箭分离，一子级与整流罩残骸均落入伯朝拉海域；二子级发动机RD-0124A在点火工作267秒后关机，模拟有效载荷与二子级采取不分离的连接方式，在火箭起飞约21分钟后准确落入距离发射场5700千米外的远东堪察加半岛库拉靶场指定区域。"安加拉"1.2PP火箭此次飞行属于亚轨道飞行，目的是为了验证通用一子级、直径3.6米的通用二子级、箭载系统以及地面发射支持系统的性能，为大型"安加拉"A5火箭的首飞做准备。未来用于执行卫星发射任务的"安加拉"1.2轻型火箭将采用直径为2.66米的通用二子级。

"安加拉"1.2PP 火箭原定 2005 年首飞,但随后因资金短缺、航天工业衰退、人才流失等问题经历了多次推迟,最终定于 2014 年 6 月 27 日首飞,但因氧化剂贮箱排气阀密封性故障导致氧化剂贮箱氦气瓶压力下降,自动控制系统在倒计时 79 秒自动中止火箭发射,火箭首飞再一次被推迟至 7 月 9 日。

(二)大型"安加拉"A5 火箭首飞

2014 年 12 月 23 日,"安加拉"A5 火箭从普列谢茨克发射场起飞,火箭飞行 209 秒后,助推级分离(落区为俄科米共和国),341 秒整流罩分离(落区为俄托木斯克州),735 秒火箭二子级主发动机关机,并与上面级和有效载荷模型分离(落区为菲律宾海),随后上面级经过 4 次点火,成功将质量 2 吨的模拟有效载荷送入高度约36000 千米的地球同步轨道。

二、"安加拉"系列运载火箭介绍

"安加拉"系列运载火箭是俄罗斯于 1994 年批准研制的新一代运载火箭。"安加拉"系列火箭采用模块化设计、渐进式分阶段研制思路,分为轻型"安加拉"1.2、中型"安加拉"A3、大型"安加拉"A5(包括"安加拉"A5P 载人型和 A5 非载人型两种型号)和重型"安加拉"A7(包括 A7.2、A7.2B 和 A7.2P 载人型三种型号)四种构型,低地球轨道(LEO)运载能力 3.8～50 吨,地球同步转移轨道(GTO)运载能力 2.4～19 吨。"安加拉"1.2 型采用 1 个通用芯级(URM-1)作为一子级,而"安加拉"A3、A5 和 A7 型除采用 1 个 URM-1 作为芯一级外,周围分别捆绑 2、4 和 6 个 URM-1 作为助推级。通用二子级 URM-2 源自"联盟"2 火箭的二子级,有两种尺寸(直径分别为 2.66 米和 3.6 米),较小的 URM-2 作为"安加拉"1.2 的二子级,较大的 URM-2 作为"安加拉"A3 和 A5 的二子级。"安加拉"A3 和 A5 的三子级近期将使用"微风"M 上面级,远期将使用在研的

KVSK 和 KVTK 低温上面级。"安加拉"系列运载火箭如图 1 所示，总体性能参数见表 1。

图 1 "安加拉"系列火箭构形图

表 1 "安加拉"系列运载火箭总体性能参数

型号	1.2 型	A3 型	A5 型	A5P 型（载人）	A7.2 型	A7.2B 型	A7P 型（载人）
一子级	URM－1（2.9 米）	URM－1（2.9 米）	URM－1（2.9 米）	URM－1（2.9 米）	URM－1（4.1 米）	URM－1（5.7 米，低温）	URM－1（4.1 米）
助推器	—	2×URM－1（2.9 米）	4×URM－1（2.9 米）	4×URM－1（2.9 米）	6×URM－1（2.9 米）	6×URM－1（2.9 米）	6×URM－1（2.9 米）
二子级	URM－2	URM－2	URM－2	—	KVTK－A7	KVTK2/2B－A7	（KVTK）

（续）

型号	1.2型	A3型	A5型	A5P型（载人）	A7.2型	A7.2B型	A7P型（载人）
三子级	—	"微风"M/KVSK	"微风"M/KVTK	—	—	—	—
起飞质量/吨	171.5	480	773/790	715	1133	1184	1125
长/米	42.7	45.8	55.4/64		54.5	65.7	—
最大直径/米	2.9	8.86	8.86	8.86	10.6	11.8	—
起飞推力/千牛	1922	5770	9610	9610	13450	13050	13450
LEO运载能力/吨	3.8	14.6	24.5	18	35	50	35
GTO运载能力/吨	—	2.4/3.6	5.4/7.5	—	12.5	19	—
GEO运载能力/吨	—	1/2	3/4.6	—	7.6	11.4	—

（一）主要模块

1. 通用芯级（URM-1）

通用芯级（URM-1）由推进剂贮箱、箱间段和尾段组成。推进剂贮箱由半球形箱底和筒段组成。氧化剂贮箱底部设置球形氦气瓶，给贮箱增压。贮箱之间设置箱间段，用于安装控制、遥测以及供电系统组件。通用芯级的控制系统为自平衡的惯性系统。尾段装有一台 RD-191 发动机，通过常平架、桁架和锥形机架与燃料箱壳体连接。发动机的推力室可以双向摆动±8°，用于控制火箭的俯仰和偏航。滚动控制则通过安装在尾段外侧的 2 个气动控制面和 4 个小喷管实现。

URM-1 装有一台 RD-191 主发动机，是由动力机械科研生产联合体在 RD-171 四燃烧室发动机（用于"天顶"号火箭）的基础上为"安加拉"系列火箭而研制的单燃烧室发动机,使用液氧/煤油推进剂,采用分级燃烧循环方式。该发动机长3.78米,直径为2.1米,质量2.29吨,节流能力为27%～105%,海平面推力为1922千牛。

2. 通用二子级(URM-2)

通用二子级包括两种尺寸(直径3.6米和2.66米)。"安加拉"1.2PP火箭和"安加拉"A5火箭的两次发射都采用了3.6米直径的二子级构型。通用二子级由推进剂贮箱、箱间段和级间段组成。推进剂贮箱由半球形箱底和筒段组成,氧化剂贮箱在下,燃料贮箱在上。氧化剂贮箱底部安装5个球形氦气瓶,用于给贮箱增压。箱间段位于推进剂贮箱之间,用于安装数字箭载计算机和控制组件。"安加拉"火箭采用与"质子"火箭计算机类似的三余度数字飞控计算机,用于提供所有的火箭指令,同时通过三轴惯性测量装置提供火箭制导。控制组件用于提供火箭控制、火箭飞行过程中的遥测与导航、火箭自动指令等功能。

RD-0124A主发动机安装在氧化剂贮箱底部的级间段内,是RD-0124发动机的改进型。改进点主要包括:采用新的结构设计方案,减少组件数量;采用轻质材料,将发动机的质量降低24千克;延长发动机的点火时间等。RD-0124A是由化工自动化设计局研制的四燃烧室发动机,长1.575米,直径2.4米,真空推力为294.3千牛,采用分级燃烧循环方式,推进剂为液氧/煤油。

(二) 主要型号

1."安加拉"1.2轻型火箭

"安加拉"1.2为轻型"安加拉"运载火箭,火箭全长42.7米,起飞推力1922千牛,LEO运载能力为3.8吨。未来可用于替换"隆声"号和"飞箭"号等弹改箭火箭,还可用于补充"联盟"2-1v轻型运载火箭。

火箭采用两级结构,一子级采用一个直径为2.9米的通用芯级(URM-1),二子级采用直径2.66米的通用二子级(URM-2)。一子级与二子级采用冷分离方式,一子级 RD-191 发动机关机后,启动级分离指令,一、二子级结构连接切断;安装于级间段上的一子级 4 个固体反推火箭发动机点火,一、二子级完成分离。

2. "安加拉"A3 中型火箭

A3 火箭采用三级结构,在一子级周围捆绑 2 个 URM-1 通用火箭模块。二子级采用直径为 3.6 米的通用二子级。三子级采用"微风"M 上面级或 KVSK 上面级(KVTK 上面级的改进型)。目前,该火箭已完成方案设计,但因"安加拉"A3/"微风"M 的 GTO 轨道运载能力仅为 2.4 吨,而市场上大部分 GTO 轨道卫星的质量为 3~6 吨,同时符合其运载能力要求的中低轨道卫星发射任务目前主要由"联盟"-2 火箭承担。因此,该型火箭近期内无生产需求。

3. "安加拉"A5 大型火箭

A5 型与 1.2 型火箭同时研制,其运载能力与"质子"火箭相当,主要用于发射高轨道卫星。A5 火箭的基本结构为通用芯级+直径 3.6 米通用二子级+"微风"M 上面级/KVTK 上面级,并捆绑 4 个通用芯级作为助推器。根据不同的上面级,A5 火箭将选用不同的整流罩。采用"微风"M 上面级时,火箭将采用"质子"火箭整流罩的改进型。采用 KVTK 上面级时,火箭将采用新型整流罩,包括直径 4.35 米、长 8.87 米和直径 5.1 米、长 11.41 米两种设计方案。

KVTK 上面级是专门为 A5 大型火箭设计的新型低温上面级,于 2009 年开始研制。KVTK 上面级长 10.4 米,直径 3.8 米,由 1 台 RD-0146D 液氢/液氧主发动机提供动力,发动机推力为 68.6 千牛,可重复点火 5 次,工作时间长达 9 小时,预计 2015 年投入使用。在 KVTK 上面级的基础上,俄还为 A3 中型火箭和 A7 重型火箭分别研制 KVSK 和 KVTK-A7 上面级,主要是对推进剂贮箱的长度和直径进行了适应性改进。KVSK 上面级的长度从 10.4 米缩短至 8.3 米,而 KVTK-A7 上面级直径从 3.8 米增加至 4.9 米。未来,俄罗斯还计划在 KVTK-A7 的基础上通过增加上面级长度、增加 1 台 RD - 0146D 主发动机的方式,形成 KVTK2/2B - A7 上面级方案。

4. "安加拉"A7 重型火箭

A7 重型火箭包括 A7.2、A7.2B 和 A7P(载人型)三种设计方案,预计 2025—2030 年首飞,但目前该火箭的研制未获得政府财政支持。

A7.2 型采用两级结构,一子级在原 URM - 1 的基础上将直径增加至 4.1 米,携带的推进剂质量增加至 240 吨;一子级周围捆绑了 6 枚通用芯级作为助推器;二子级采用 KVTK - A7 上面级。未来,将进一步改进 A7.2 型火箭,将一子级直径增加至 5.7 米,发动机改用液氢/液氧推进剂;二子级选用 2 台 RD - 0146D 发动机的 KVTK2 - A7 或 KVTK2B - A7 上面级。

(三)地面发射设施

"安加拉"系列运载火箭可从普列谢茨克、"东方"航天发射场和拜科努尔发射场执行发射任务。"东方"发射场投入使用后,将成为"安加拉"系列运载火箭的主要发射阵地。

"安加拉"现有发射工位位于俄罗斯普列谢茨克发射场内,沿用了原为"天顶"号火箭修建、但一直未能完工的 LC35 发射工位。其建造工作于 2002 年正式启动,后由于经费短缺等问题一直延后,直到 2014 年 7 月才投入使用。据透露,俄罗斯还将在 2020 年前完成第 2 个发射台的建造工作。

与俄其他火箭相同,"安加拉"火箭也采用水平组装、水平运输的方式,整个运输过程大概需要 2 小时左右。火箭通过柴油车运至发射设施后,由运输车—起竖车依靠自身电动力将火箭准确放置于发射台,随后柴油车将空运输车拉离发射台。目前,有 2 种运输起竖车供"安加拉"火箭使用。"安加拉"发射台由带可移动手臂的固定服务塔、导流槽等组成。根据"红星报"透露,"安加拉"发射设施多位于地下 27 米处,主要发射控制中心位于地下 15 米处。根据俄罗斯国防部消息,"安加拉"发射工位包括 211 个地下和半地下设施,各设施之间通过一个长度为 4.5 ~ 5 千米的通道相连。

三、发展分析

(一)"安加拉"两型火箭成功首飞,拉开俄运载火箭更新换代序幕

俄罗斯目前主要利用现役火箭及其改进型号和弹改箭型号进行航天发射,火箭多为 20 世纪 60—70 年代研制,大多采用四氧化二氮/偏二甲肼有毒推进剂。新一代"安加拉"火箭遵循模块化、组合化、系列化设计思想,LEO 和 GEO 运载能力大大提高;推进剂采用液氧/煤油清洁能源,解决了环境问题;各子系统和发动机等主要零部件全部由俄罗斯科研机构设计与制造,有助于摆脱对其他国家(尤其是乌克兰)的依赖;发射场位于俄罗斯境内,以降低对位于哈萨克斯坦境内的拜科努尔发射场的依赖性。未来,"安加拉"系列火箭可逐步取代"质子"火箭,承担联邦航天计划内的发射任务,而届时"质子"M 火箭将主要用于商业发射,"安加拉"火箭则主要负责联邦航天计划内的发射任务。

(二)"安加拉"火箭研制进程缓慢,资金与人才问题或为主要原因

"安加拉"系列运载火箭是苏联解体之后的第一个火箭研制计划,历经 20 年的研制与发展,整个项目耗资 30 亿美元,火箭首次发射先后 10 次被推迟,其原因主要在于资金不足和人才短缺。"安加拉"火箭研制始于 20 世纪 90 年代,正值苏联解体、俄罗斯经济状况不佳,对航天领域拨款数额大幅减少,"安加拉"火箭的研制工作曾频频因资金问题中断。而资金链条的断裂导致火箭总设计师被迫暂停研制工作,原班技术人员被安排其他任务。而研制工作恢复时,原技术人员因现有任务而不能重返"安加拉"的研制队伍,因此需启用技术水平及研制经验上都相对匮乏的新人。此外,俄罗斯航

天工业基础能力衰退、项目组织管理、生产效率低等原因,也严重阻碍了"安加拉"项目的研制进度。

(三)采用通用模块设计和成熟技术,分阶段实现系列化目标

"安加拉"系列火箭采用高度标准化的通用模块(包括通用芯级、通用二子级、控制系统、通用整流罩和卫星支架)和成熟技术,通用芯级作为"安加拉"所有型号的一子级和"安加拉"A3、A5 和 A7 的助推器,采用相同的控制系统。通用二子级是在"联盟"2 火箭的二子级基础上改进形成,其控制系统与"质子"M 火箭可通用。上面级选用经过飞行验证的、成熟的"微风"M 上面级,后续研制的 KVTK 上面级也可在各型号之间通用。俄罗斯将在 2014 年首先实现"安加拉"1.2、A5 两型火箭的首飞,以尽快实现"质子"火箭、"天顶"火箭的更新换代,后续很快将考虑用"安加拉"A3 和 A5P 来替代"联盟"火箭(包括载人),并通过研制低温芯一级和上面级发展 LEO 能力达到 50 吨的重型运载火箭。

(四)开展飞行演示验证,为火箭后续飞行试验打好基础

从运载火箭技术特点和研制规律看,并非所有环节都能够在地面试验中得到充分和有效的考核,因此飞行演示验证是地面试验的有效补充。"安加拉"系列火箭在研制过程中非常重视通用模块的演示验证飞行试验,以考核新研火箭的重要组件(一、二级模块)在真实飞行环境下的工作性能,以此降低系列火箭的风险因素,提高可靠性。俄罗斯在进行"安加拉"火箭发射试验之前曾利用韩国的 KSLV 火箭对"安加拉"一子级进行了飞行试验(共计 3 次),验证 RD-191 发动机及一子级结构性能。"安加拉"系列运载火箭的所有飞行试验预计将于 2020 年全部完成,如果能按预期完成所有飞行试验,这将使俄航天规划预算成本大幅降低,并使各项任务的完成时间提前。

（五）发展可重复使用技术，有效降低未来发射成本

不同于一次性运载火箭发射后就完全废弃的方式，可重复使用运载器可以通过不同方式回收并多次利用，从而大幅降低火箭发射成本。返回式助推器是重复使用运载技术当中比较容易实现的一种方式，美、欧也曾开展过相关研究。俄罗斯在研发"安加拉"火箭的同时也开展了"贝加尔"号可重复使用助推器的研究，未来计划应用于"安加拉"系列运载火箭，以降低火箭的发射成本。

（北京航天长征科技信息研究所）

SpaceX 公司重复使用火箭技术发展概述

摘要: SpaceX 公司一直致力于火箭垂直起降技术研究,目标是实现火箭的回收利用,从而进一步降低发射费用。目前,SpaceX 公司通过两种途径对垂直起降重复使用技术进行研制试验,包括重复使用技术验证机和"猎鹰"9 火箭的一子级垂直返回着陆试验。本文对 SpaceX 公司的重复使用技术发展情况进行了概述,并对其技术特点进行了分析。

自 2002 年创立之日起,空间探索技术(SpaceX)公司就以提供安全、可靠、性价比高的发射服务作为其发展目标,并努力使发射费用降至传统发射成本的十分之一。公司成功研制了低成本的"猎鹰"9 运载火箭,在赢得 16 亿美元的国际空间站货运补给合同后,凭借其发射价格优势获得了大量商业发射订单。

SpaceX 公司不仅打破了传统发射运营商的高发射价格,而且计划利用"猎鹰"9 火箭/"龙"飞船构成一个完全可重复使用的航天运输系统,火箭的两个子级和"龙"飞船全部采用垂直起降方式进行回收,进一步降低发射价格。为了达到这一目标,SpaceX 公司开展了重复使用技术的研究计划,它主要包括两部分:研制并试验重复使用技术验证机,包括"蚱蜢"验证机和"猎鹰"9 可重复使用验证机(F9R - Dev);在"猎鹰"9 火箭的飞行任务中的进行可重复使用技术的试验。

一、重复使用技术验证机

目前,SpaceX 公司完成了两台可重复使用技术验证机:"蚱蜢"垂直起降技术验证机(Grasshopper)和"猎鹰"9 可重复使用验证机(F9R - Dev1)。"蚱蜢"验证机进行了 8 次试验,已经停止使用;"猎鹰"9R - Dev1 进行了 5 次试验,在 2014 年 8 月进行的第 5 次试验中炸毁。

SpaceX 公司选择的垂直反推回收方案与麦·道公司在 20 世纪 90 年代提出的"德尔它"快帆(DC - X/XA)方案类似。DC - X 装有四台 RL - 10A - 5 发动机,推力可以在 30% ~ 100% 之间调节,共进行了 8 次飞行试验,最高飞行高度为 2652 米。DC - XA 是 DC - X 技术验证机的改进型,共进行了 4 次飞行试验,第 3 次飞行高度达到 3200 米,飞行器在第 4 次飞行试验中爆炸被毁,原计划进行的第 5 次飞行试验也被取消,该项技术验证计划也随之提前结束。

(一)"蚱蜢"验证机

"蚱蜢"验证机以"猎鹰"9 - 1.0 火箭的一子级为基础建造,高约 32 米,其中贮箱高度约 26 米。验证机装有 1 台"隼"1D 液氧煤油发动机,推力 540 千牛。在验证机底部,安装了 4 支配有液压减震装置的金属着陆支架和 1 套金属支撑结构,可以在着陆前起到缓冲作用。验证机垂直起飞、垂直着陆,试验过程中发动机全程保持工作,通过发动机推力矢量控制实现箭体姿态稳定,通过发动机推力大范围调节,实现上升、悬停、减速和着陆。

"蚱蜢"在德克萨斯州的麦格雷戈试验场共进行了 8 次飞行试验,对可重复使用技术探索起到了重要作用,试验时间及其结果如表 1 所列。然而,"蚱蜢"的飞行高度仅有 744 米,试验的经验积累也不够多,所以为了进一步推动其垂直起降技术的发展,SpaceX 公司又开展了 F9R - Dev 的试验。

表 1   "蚱蜢"垂直起降验证机试验情况汇总表

试验时间	试验结果
2012.9.21	跳跃高度 1.8 米,试验持续时间 3 秒。该试验是"蚱蜢"项目的首个里程碑事件
2012.11.1	跳跃高度 5.4 米,试验持续时间 8 秒
2012.12.17	飞行持续时间 29 秒,验证机在上升至 40 米的高度后采用闭环矢量推力和油门控制,成功完成了稳定的高空盘旋和平稳着陆等动作
2013.3.9	跳跃高度达 80.1 米,试验时间约 34 秒。此次试验为"猎鹰"9 火箭的可重复使用技术验证了一项关键算法
2013.4.19	试验历时 60 秒,飞到 250 米高度盘旋一段时间后着陆
2013.6.14	跳跃高度达到 325 米
2013.8.13	在 250 米的高度成功完成了 100 米的横向机动试验并准确返回发射点,本次试验验证了更加主动的转向机动能力
2013.10.7	跳跃高度达到 744 米

(二) F9R – Dev1 验证机

结束"蚱蜢"验证机的试验之后,SpaceX 公司利用"猎鹰"9 – 1.1 火箭一子级改造形成了"猎鹰"9 可重复使用验证机(F9R – Dev1),高约 42 米、直径 3.66 米。F9R – Dev1 装有 3 台"隼"1D 发动机以及 4 个碳纤维铝合金蜂窝结构的着陆支架。此外,验证机还装有冷气反作用控制系统,可在滑行段进行三轴控制,在单台发动机工作阶段进行滚转控制。

F9R – Dev1 在德克萨斯州的麦格雷戈试验场进行了 5 次低空飞行试验,最大飞行高度 1000 米,在 2014 年 8 月进行的第 5 次飞行试验中炸毁。根据联邦航空局的飞行试验许可,SpaceX 只能在麦格雷戈试验场进行高度在 3 千米以下的低空试验,而高空飞行试验将在新墨西哥洲航天港进行。目前,SpaceX 公司正在制造第二台验证机 F9R – Dev2,原计划在麦格雷戈利用 F9R – Dev1 进行低空试验的同时,在航天港利用 F9R – Dev2 进行高空试验。在高空试验中,F9R – Dev2 起飞时 3 台发动机都会工作,并将飞行器推升至 90 千米的高空,而在有动力下降和着陆阶段则只有 1 台发动机工作。

2014 年 4 月 17 日,SpaceX 公司在德克萨斯州的试验基地完成了 F9R – Dev1 的首次垂直起降试验,飞行高度 250 米,时间不到 1 分钟。在 F9R – Dev 试验机的飞行试验中,其着陆架呈展开状态(着陆架收起状态长 7 米,展开长度为 18 米),起飞时只有 1 台发动机工作,在着陆前先进行横向机动,而后降落至着陆区。试验录像显示液氧贮箱表面有冷凝水滴部分的长度只有液氧贮箱总长的 1/4,表明试验机只加注了部分燃料。与之前的"蚱蜢"验证机试验相比,本次试验在着陆前的悬停时间相对较长,可能是在试验"隼"1D 发动机接近地面时的节流能力,也可能是通过这种安排尽可能地降低着陆冲击。试验中着陆架冒烟,媒体推测是因其展开状态所致。按照 SpaceX 公司的计划,着陆支架在前期试验中都处于展开状态,而在后期试验中着陆架将在起飞时先收起,着陆前不久再展开。和"蚱蜢"验证机在原地起降不同,F9R – Dev1 试验场包括发射区(发射台底座上安装有固定系统)和着陆区两部分,验证机在飞行中需要进行横向移动。

2014 年 5 月 1 日,F9R – Dev1 进行第二次飞行试验,高度 1000 米,时间大约 2 分钟,其他情况与首次 250 米高度的飞行试验类似。

2014 年 6 月 17 日,F9R – Dev1 进行第三次飞行试验,高度仍为 1000 米,试验时间大约 2 分钟,此次飞行中采用了格栅舵进行控制,舵大约在 1 分 11 秒时打开。

2014 年 8 月 1 日,F9R – Dev1 再次进行飞行试验,对新的作动器和新的软件系统进行了研究,但是具体内容并没有透露,飞行试验的录像也没有公布。

2014 年 8 月 22 日,F9R – Dev1 在进行第 5 次飞行试验时,由于飞行器发生故障,触发了飞行终止系统(FTS)致使飞行器在空中解体爆炸。此次事故没有造成人员损伤。在之前的试验中,F9R - Dev1 的 3 台发动机中仅有 1 台工作,而此次发生故障的试验中,3 台发动机都处于工作状态。

根据试验录像,F9R 在起飞后的开始阶段是垂直上升的,随后就开始有了很大俯仰角,这和以往试验情况完全不同。就在失去控制的瞬间,飞行器的发动机关闭,经过短暂几秒之后飞行器在飞行终止系统的作用下爆炸。飞行终止系统既可以通过无线电遥控人工激活也可以由机载计算机根据飞行条件自动激活,此次 F9R 爆炸是机载系统自动激活的。SpaceX 公司就具体失败原因没有公布。

二、发射任务中的重复使用技术验证计划

SpaceX 在"猎鹰"9 - 1.1 火箭的发射任务中进行一子级垂直回收的试验,前 4 次试验中,火箭一子级都是受控垂直返回至海面上,由于火箭倾倒在海面上的瞬间会损毁,并不能实现回收。2015 年 1 月第 5 次回收试验中,SpaceX 公司尝试一子级在海上平台进行垂直着陆,虽然成功在海面上找到了回收平台,但是由于一子级速度过快且姿态倾斜,撞毁在平台上。

(1) 2013 年 9 月 29 日,"猎鹰"9 - 1.1 型火箭的首次飞行。

按计划,火箭一子级 9 台发动机中的 3 台发动机将重启两次。在实际任务中,火箭一子级二次重启失败。火箭一子级的第一次重启成功,将一子级送入再入轨道,地面控制中心获得相关数据;但在二次重启中,一子级箭体由于故障发生滚转,发动机提前关机,一子级最终坠入范登堡空军基地以南几百英里的太平洋海域。事后,公司宣布这次飞行成功测试了大量新技术。

(2) 2014 年 4 月 18 日,SpaceX 利用"猎鹰"9 - 1.1 型火箭执行第三次国际空间站货运补给任务(CRS - 3)(安装了着陆支架)。

在本次任务中,"猎鹰"9 - 1.1 型火箭一子级首次安装了 7.6 米长的着陆架,着陆架为碳纤维铝合金蜂窝结构,采用高压氦气气动系

统展开,伸展长度为 18 米,总重为 2 吨。按计划,火箭在起飞 3 分钟内一、二级分离(此时达到高度 80 千米,速度 10 马赫)。此后,火箭一子级通过两次重启减小了火箭再入速度,向距卡纳维拉尔角东北部几百千米的大西洋海域着陆区域降落。发射结束后,通过修复得到的视频证明一子级着陆架成功展开,并垂直降落在海面上。此外,公司的遥测数据表明一子级滚转速度接近于零,传感器工作正常。

(3) 2014 年 7 月 14 日,SpaceX 利用"猎鹰"9 - 1.1 火箭发射 Orbcomm 公司的 6 颗卫星(安装了着陆支架)。

在本次发射中,SpaceX 公司再次尝试回收一子级。"猎鹰"9 火箭一子级在返回地面过程中重启 3 台发动机,通过调整发动机节流阀设置,实现火箭一子级的受控下降,并预计在落入海面前展开携带的 4 个着陆架,降落目的地是卡纳维拉尔角东北方向几百千米远的海域。随后,SpaceX 公司公布了一子级主动着陆的视频,着陆支架成功展开,并垂直降落在海面上。

(4) 2014 年 9 月 21 日,SpaceX 利用"猎鹰"9 - 1.1 火箭执行第四次国际空间站商业补给服务(CRS - 4)任务。

此次发射任务中,NASA 派出两架飞机监控火箭一子级有动力再入返回过程并收集了相关的飞行数据。NASA 希望利用这些数据研究未来火星着陆的问题,而 SpaceX 公司则可以依靠这些数据改进其一子级可重复使用技术。根据 NASA 公布的录像,在火箭二子级点火不久,监控飞机上的红外传感器就捕捉到了一子级。一子级分离后在二子级的羽流内继续飞行;随后,一子级开始机动脱离二子级的羽流;达到 140 千米的最大高度后,一子级点火重启进行纵程控制;在下降至 70 千米高度时,一子级进行再次点火,开始进行反推再入过程;在 40 千米高度,第二次点火结束。

(5) 2015 年 1 月 10 日,SpaceX 利用"猎鹰"9 - 1.1 火箭执行第五次国际空间站商业补给服务(CRS - 5)任务(安装了着陆支架和格栅舵)。

将二子级送入预定轨迹后,一子级准备开始返回大西洋上距离发射点 354 千米的海上回收平台——自主航天港无人船(ASDS)。一子级与二子级分离 15 秒之后,一子级利用冷气姿态控制系统离开二子级的羽流,之后继续上升达到 140 千米的最高点,重新启动部分发动机,进行推进返回点火控制纵程距离,开始瞄准 91×52 米的无人船。在发动机第一次下降点火后,一子级进入一段弹道飞行阶段,之后展开 4 个格栅舵,这些格栅舵已经在 F9R – Dev1 飞行器上进行过低空低速的验证。4 个格栅舵各自独立控制,采用两自由度设计,可同时滚转和倾斜,允许在大气层飞行过程中进行复杂的制导控制。一子级的 3 台"隼"1D 发动机在 70 千米的高度再次点火,工作时间在 30 秒以内。再加上空气阻力的作用,此次发动机再入点火将飞行器的速度从 1200 米/秒降低至 250 米/秒。在飞越大气层的过程中,一子级重心很低(几乎没有推进剂,质量集中在底部的发动机上),利用格栅舵保持飞行器的姿态稳定,并进行俯仰角度修正,进一步调整纵程距离,瞄准海上回收平台的位置。

在最后的着陆点火时,只有中心的一台发动机再次启动,一子级最后精确调整飞行路线,理想状态是垂直地下降到平台的 X 标记上方。在下降前 10 秒,4 个着陆支架利用增压氦气展开。

结果表明,一子级成功找到了"针尖"大的平台,但是未能够在平台上站立,一子级返回时着陆速度过高且姿态倾斜,撞毁在平台上。平台本身没有受到很大损坏,只是部分辅助设备需要更换。火箭上安装的格栅舵从高超声速到亚声速飞行阶段的工作都非常好,但是在着陆之前的液压液耗尽,导致不能进行有效的减速和姿态控制,未来将增加 50% 的液压液,提高余量。

三、技术路线特点分析

(一)合理设计试验方案降低技术风险

SpaceX 公司在重复使用技术的研制过程中最明显的一个特点

就是,在开展演示验证计划的同时,在实际的飞行任务中试验相关的技术方案。通过验证机的飞行试验进行初步的数据分析,提高飞行任务试验的可靠性;再利用飞行任务验证技术方案的成熟度,加快技术应用的进程。同时 SpaceX 公司能够在不影响发射任务的前提下,充分利用火箭的剩余性能,不仅能够达到技术验证的目标,而且还可以为公司节省试验成本。

供职于航天咨询公司的瑞秋·维兰指出:"火箭发射市场的客户们并不关心火箭的可重复使用性,他们要的是在尽可能便宜的情况下实现高可靠的发射服务。"她说:"可重复使用性是服务提供方面临的问题,而不是客户面临的问题。卫星运营方一般而言只有三个要求:按时、保质、价格合理。"所以,联合发射联盟(ULA)、"阿里安"航天公司等传统的发射运营商并没有开展类似的重复使用火箭计划,很大程度上是规避风险,利用最成熟的技术,提供可靠的发射服务才是最重要的目标。

在商业轨道运输服务(COTS)计划初期,美国的私营航天公司 Kistler 公司开始就提出了伞降回收重复使用火箭的方案,但是后期资金不足,进展达不到 NASA 的要求,再加上技术风险太大,NASA 停止了支持,该公司也就成为了早期昙花一现的私营航天公司。

SpaceX 公司作为一家私营航天公司,集火箭研制、生产和发射运行于一体,为其大胆尝试新技术提供了一定的条件。SpaceX 在开始竞争 COTS 计划时,就是以一次性运载火箭"猎鹰"9 为基础,之后再逐步尝试进行各种重复使用试验,可以说 SpaceX 找到了一种平衡技术创新和技术风险之间的方案。

(二) 充分利用飞行器的性能余量

"猎鹰"9 – 1.1 的低地球轨道运载能力为 13.15 吨,GTO 运载能力为 4.85 吨,但在国际空间站货运补给任务中只用到了一半左右的运力(表2),也就是火箭运载能力并没有完全发挥,这是 SpaceX 能够在发射任务中进行回收试验的重要原因。SpaceX 公司和 NASA 建立了良好的合作关系,在保证货运任务顺利进行的前提下,NASA 允许甚至鼓励 SpaceX 进行重复使用试验,而且 NASA 也从中受益,发射任务和回收试验是发射过程中的两个阶段,相互之间的影响较小。

表2 "猎鹰"9-1.1 发射任务中的载荷质量以及是否进行了一子级试验

序号	时间	有效载荷	轨道	是否进行一子级试验
1	2013.9.29	CASSIOPE(0.5 吨)	极地轨道	是
2	2013.12.3	SES-8(3.17 吨)	GTO	否
3	2014.1.6	Thaicom 6(3.325 吨)	GTO	否
4	2014.4.18	"龙"飞船(干重 4.2 吨+载荷 2.08 吨)	LEO	是
5	2014.7.14	OG2(1.032 吨)	LEO	是
6	2014.8.5	AsiaSat8(4.535 吨)	GTO	否
7	2014.9.7	AsiaSat8(4.428 吨)	GTO	否
8	2014.9.21	"龙"飞船(干重 4.2 吨+载荷 2.216 吨)	LEO	是
9	2015.1.10	"龙"飞船(干重 4.2 吨+载荷 2.3 吨)	LEO	是

(三) 大胆尝试和推进技术验证

按照 SpaceX 公司的计划,F9R-Dev1 在麦格雷戈试验场进行低空低速的飞行试验,只需要一台发动机工作即可。而在 F9R-Dev1 第五次飞行试验中,3 台发动机都处于工作状态,相比于以前的飞行试验,将飞行器的能力上限提高了很多。虽然此次高风险的试验计划直接损失了一台试验机,导致在故障原因分析、飞行数据分析等方面花费大量精力,但是极限试验条件下获取试验数据是非常宝贵的,可以为进一步提高飞行器的可靠性提供重要依据。

(四) 寻求合作实现互利共赢

在商业轨道运输服务计划下(COTS),SpaceX 公司已经从 NASA 得到了大量的技术支持,成功研制了"猎鹰"9/"龙"运输系统,完善了自身的产品,也为 NASA 商业轨道运输提供了价格较低的服务。此次,SpaceX 公司和 NASA 再次合作:NASA 提供飞机和传感器测量火箭一子级再入飞行数据,SpaceX 则和 NASA 共享这些数据。SpaceX 公司能够利用这些它难以单独支付的飞机和传感器设备,为其重复使用技术的研究提供重要的数据支撑,也能够满足 NASA 对火星着陆相关数据的需求。

四、结语

SpaceX 公司追求低成本发射,所以在成功研制出"猎鹰"9 运载火箭之后,就开展了可重复使用技术的研究工作,希望通过火箭一、二子级的回收再利用进一步降低单次发射成本。虽然 SpaceX 的验证机在今年 8 月份的试验中炸毁,对其重复使用技术的发展产生了一定不利影响,但这也是技术探索过程不可避免的阶段。而 2015 年 1 月的回收试验虽未能成功,还对海上平台造成了一定损坏,但是火箭能够在返回过程中,精确地找到了目的地,说明至少在返回开始阶段的纵程控制,以及再入大气层飞行阶段的制导控制和姿态控制都是比较精确。

综上所述,SpaceX 在重复使用技术上开展了大量的工作,获取了很多经验也遇到了挫折,距离火箭重复使用还需要进行大量的技术试验和验证工作。

（北京航天长征科技信息研究所）

美国有意将国际空间站延寿至 2024 年

摘要:2014 年初,美国奥巴马政府批准将国际空间站现有的运行期限再至少延长 4 年,即延至 2024 年,目的是让美国国家航空航天局(NASA)和其他空间机构实现更多关键目标,包括发展和支持商业航天与载人空间探索,使空间站的价值最大化。2014 年 9 月,NASA 总监察办公室发布延寿审计报告,研究了国际空间站延寿到 2024 年面临的主要挑战。尽管这件事还有待国内外各方进一步决定,但 NASA 和白宫表示对此持乐观态度。

一、国际空间站发展背景

2014 年 11 月,国际空间站(ISS)实现在低地球轨道连续运行 16 年,标志着载人航天史上又一重大成就。国际空间站是人类历史上第九个载人空间站,16 年来,成就斐然,同时也付出了沉重的代价。

国际空间站目前由 NASA、俄罗斯联邦航天局(Roscosmos)、加拿大航天局(CSA)、巴西航天局、日本航空航天探索局(JAXA)和欧洲航天局(ESA)六个国家或地区空间机构合作运转,其前身是 NASA 的"自由"号空间站。冷战结束后,NASA 开始与俄联邦航天局接触,商谈合作建立空间站的构想。

国际空间站首个舱段"曙光"号功能货舱于 1998 年 11 月发射入轨,建造工作随之启动。2000 年 11 月 2 日,首批航天员(第 1 长期考察团）登上国际空间站，到现在已连续14年保持有人驻留的状态。

NASA没有预料到的是，国际空间站设计和建造过程中的预算远远超过了最初的预计，进度也一再拖延。

截至2014年底，共有101艘俄罗斯"联盟"系列载人/"进步"系列货运飞船，37架次航天飞机，5艘"龙"飞船，3艘"天鹅座"飞船，4艘日本"H-2转移飞行器"（HTV）及5艘欧洲"自动转移飞行器"（ATV）到访过国际空间站，站上共进行过184次航天员舱外活动以支持站体建造和维修。

二、延寿讨论情况

延长国际空间站运行寿命的讨论和猜测已持续多年，延寿决定对于空间站拥护者来说至少是部分胜利。

国际空间站美国部分的离轨时间最初定在2016年。2010年3月，国际空间站合作国讨论其延寿可能性，随后发表联合声明，同意国际空间站延长运行到2020年，不排除延长到2028年。

多名美国国会成员公开表示了他们对空间站延寿决定的支持，美国商业航天联合会和航天基金会等非官方航天团体也表示赞同。即使有了国内的支持，延寿决定还要得到国际合作伙伴的同意才有意义。尽管多数合作伙伴表达过在2020年之后继续运行和使用空间站的意愿，但要正式达成一致并承诺提供必要资源仍可能花费数年。

俄罗斯在2011年就曾表示单纯从技术角度考虑，国际空间站运行期限完全可以延长至2028年，且俄方已制定相关计划。但2014年7月俄方公开表示，"乌克兰危机"会影响俄关于国际空间站延寿的决定。ESA则称国际空间站的延寿决定要联系到欧洲在地球轨道以远载人探索规划中的作用。2013年1月，ESA与NASA正式达成协议，为其在研的"猎户座"多用途乘员飞行器建造服务舱。日本也会从空间站延寿中获益,NASA 已在与 JAXA 商讨多订购 3 艘 HTV 的事宜。

NASA 表示,虽然国际合作伙伴仍需时间考虑是否继续参与国际空间站计划,但无论如何美国都准备继续推进。同时强调这是政治层面的决策,期望合作伙伴支持延寿。

三、美国在延寿问题背后的考虑

(一) 巩固载人航天领导地位的需要

NASA 和白宫在公报中明确指出,国际空间站延寿将有助于继续巩固美国在载人航天领域的领导地位,保持以美国为主导的国际合作伙伴关系,并在更广泛的领域促成美国的全球领导力。

关于美国的载人航天领导地位,NASA 内、外部业界人士有截然不同的认识。NASA 认为美国在载人和无人空间探索领域的领先使其超越其他国家,这为巩固美国的领导地位创造了完美条件。NASA 以外的美国航天领域专家则指出,相比俄罗斯和中国而言,美国现阶段在载人航天领域,至少在认知意义上已丢失其"领导地位"。自 2011 年退役航天飞机之后,美国不具备本土载人发射能力,这与"领导地位"相去甚远。更有人尖锐指出,美国正在奋起直追,而非占有先机。

近年来美国不再追求重返月球的目标,将目光转而投向无先例的载人小行星和火星探索活动,这也是美国巩固载人航天领导地位的一种途径。再考虑到中国将于 2020 年左右建成自己的载人空间站,时间点恰与之前国际空间站的寿命终止时间重合,美国可能不愿将自己在载人航天领域最后的优势地位拱手让人,而使中国空间站成为唯一在轨运行的载人空间站。

(二) 建站完成后"全面应用"的期望

如前所述,NASA 和空间站研究拥护者将国际空间站视为未来载人探索规划和科学研究的关键和基石,并且能够用作将来商业研究活动的先驱。鉴于其他国际合作伙伴都对进一步延寿持观望态度,因此,站上研究所获得的收益能否能收回他们的巨额投入,将成为他们是否继续投资的关键。历史经验证明,这是一个相当严峻的挑战。

NASA总监察办公室(OIG)的审计报告指出,虽然近年来国际空间站的科学研究利用率已经增加,但仍面临挑战。国际空间站上的大量NASA研究项目涉及减缓与人类长期空间生存相关的风险,NASA已确定出23类人体健康与行为风险可在站上减缓,但即使空间站运行到2024年,NASA也只能解决其中12类风险,包括减压病、肌肉量减少、疲劳性过失和心律问题。如果空间站在2020年退役,NASA只能解决其中5类风险。

(三)进一步推进商业航天发展的愿望

延寿决定还可能会影响美国载人航天商业化的进程,将使美国商业航天呈现更广阔的市场。

2014年9月,NASA宣布为国际空间站下一轮货运合同征询方案。继续运行空间站将鼓励更多的商业公司进入市场,有助于进一步降低航天成本。商业载人运输计划同样有望从延寿中获益。2014年9月,SpaceX公司和波音公司共同获得NASA商业载人运输合同。首次发射不会早于2017年,如果国际空间站只运行到2020年,将最多只有三年时间用于从美国本土进行载人发射,计划成效将大打折扣。

国际空间站延寿或为美国推动低地球轨道商业化运作注入新的动力:与商业公司合作运行国际空间站,建立公私合作伙伴关系,逐步将国际空间站的财政支持性质从政府转为商业。商业公司有能力吸引资本并提供投资回报,如低地球轨道进入途径是商业太空公司和支持者所认为的利润中心,那么国际空间站的商业运行应不止可能,而且有利可图,盈利可能性将有助于商业空间市场的合法化。通过运行国际空间站获利,商业公司可积累所需的空间运行经验和政治影响力。

四、延寿面临的主要障碍

延寿公告被视为国际空间站的一个重大里程碑,但即使是 NASA 官员也承认这仅是漫长进程的开端。阻碍各方做出决定的因素主要包括技术和资金两方面。

(一)尚未发现延寿存在重大技术障碍,但若干风险需要减缓

首先,国际空间站个别舱段面临超期服役问题。其次,太阳电池翼退化速度快于预期引起发电量不足的风险。再次,尽管大多数替换部件被证明比预期更可靠,但关键硬件突发故障经常需要计划外的出舱活动来维修或替换硬件。最后,尽管 NASA 有强大的货运系统,但航天飞机已退役,向空间站运输大型替换部件(如太阳电池翼和散热器)的能力有限。

国际空间站美国在轨段的主承包商波音公司针对延寿所做的技术评估于 2013 年秋季完成并提交给 NASA。风险评估主要关注舱段和其他结构与桁架的衔接点处的应力及高压供氧管线循环回路等隐患。其他老化问题可能不会在短时期内构成安全性风险,但会造成累积损害。即使空间站结构安全,仍面临着由微流星体撞击或与空间碎片碰撞而引起灾难性故障的可能性。此外还包括辐射、热循环和桁架结构反复挠曲等问题。评估结论认为空间站美国段和"曙光"号舱(由 NASA 出资)可运行到 2020 年,且迄今没有发现重大的结构、硬件或软件缺陷阻碍继续运行到 2024 年。

(二)NASA 对于未来 ISS 运行的成本预测过于乐观

首先,延寿必须经美国国会批准并提供财政支持,而无论是 NASA 还是白宫都没有透露,延寿所须资金将从何而来。迄今为止,国际空间站成本已超过 1600 亿美元,其中大部分由美国承担,约为 1000 亿美元。美国的空间政策专家警告,如果预算没有大幅增加,

NASA 今后可能无力同时负担国际空间站维护和地球轨道以远的探索计划。NASA 预测国际空间站计划年度成本将从 2014 财年的 30 亿美元增长至 2020 财年的近 40 亿美元。但总监察长办公室认为 NASA 成本估算过于乐观并导致预算保守。

其次，受维护成本制约，各国际合作伙伴似乎都越来越不愿意在 2020 年后将为数不多的载人航天经费用于维护一座已在轨运行超过 20 年的低地球轨道空间站。俄罗斯也指出国际空间站延长运行到 2020 年之后会面临一些财政考验。俄罗斯对于延寿的支持具有特别重大的意义，因为俄提供了三项基本能力：由"联盟"飞船进行乘员运输，维持适当轨道高度的推进系统以及燃料和水等再补给品。没有俄罗斯的继续参与，NASA 就要从别处获取这部分能力。如果其他合作伙伴不支持美国的延寿决定，现在由合作伙伴承担的费用也将转嫁给美国。

最后，商业载人运输亦会受到财政紧缩影响。2010 年，根据奥巴马政府为 NASA"商业乘员开发"计划申请的每年 8 亿美元经费预测，商业航天公司在 2015 年前将能够进行载人发射。即使空间站按原计划于 2020 年退役，五年的时间也足以刺激低地球轨道商业市场的发展了。但事实上进展并不顺利。NASA 局长在 2013 年 4 月曾证实，除非国会批准 2014 财年到 2016 财年每年 8.214 亿美元、共计 34.3 亿美元的拨款申请，否则商业载人首飞时间将从当前的 2017 年推迟到 2018 年。

综上所述，关于如何权衡国际空间站的延寿问题，NASA 和众多国际合作伙伴都面临着相当艰难的抉择。

（北京空间科技信息研究所）

欧洲航天医学发展战略研究

摘要:欧洲通过制定航天医学发展战略,识别出后续载人航天飞行任务影响航天员健康和工作绩效的风险因素及需要解决的关键医学问题。本文详细论述了欧洲航天医学发展战略的总目标、路线图、实施途径和主要策略,深入分析了其研究项目最新进展以及未来发展态势。

未来的载人空间探索任务已经将目光投向近地小行星、月球,甚至火星,然而星际飞行所致的人体生理功能下降的变化机理和后果尚未被全面认识。如何在未来的星际探索中维持人的健康与绩效,已经成为欧洲航天医学领域研究的重点。欧洲航天医学成为继美俄之后,从对人在太空飞行中单纯地实施医学保障发展到寻求对人对航天的适应起因机理的了解,预测危害生命、健康和工作的有关问题及发展更有效的保护手段和对抗措施。

一、欧洲航天医学的发展战略

欧洲于 2012 年 3 月发布"促进载人空间探索:欧洲战略"(THESEUS)。面向未来载人空间探索任务,THESEUS 确定了 5 个重点研究领域,以及有关人类对空间环境反应及解决太空任务期间人的健康和绩效的 99 个关键问题;战略采用分阶段的方法,围绕提高对人类适应空间环境的综合认识、提高对多种应激对抗措施的综合认识以及提高对工具和方法的综合认识这 3 个主题提出了 9 项建议,构建了确保欧洲载人空间探索成功实施的航天医学研究体系。

（一）总目标

THESEUS 旨在为欧洲载人空间探索战略提供基于生命科学的路线图,以促进其航天医学的发展,进而使人类的足迹可以在外太空走的更远。其具体目标是对能实现未来载人空间探索(特别是低地球轨道以外的载人空间探索)必须填补的知识空白进行一次广泛的调查研究,提出填补这些空白的研究活动建议。作为一项横向倡议,该项目涵盖所有与载人空间探索有关的生命科学领域,包括从综合生理学到太空生活环境的管理和医疗保健。THESEUS 的目的还在于确定如何将空间探索的研究与解决地球人类的健康和社会问题关联起来。THESEUS 最终确定 99 个需要进一步关注、代表了载人航天挑战或机遇的高优先权科学主题或方法学的关键问题。

（二）路线图

路线图确定了三个重要的、跨学科的研究方向并提出 9 项建议。这三个方向包含了为解决太空风险对人体健康和绩效的影响而进行的人对太空环境反应的全面研究,同时要实现从独立的功能研究转化到采用综合性的方法进行研究。

（三）实现途径

THESEUS 的建议提出了研究方向和纲领性的结构,确定了需要研究的关键问题以及分阶段的实现途径,最终将会按照 THE-SEUS 所排列的优先次序填补目前知识的缺口。按照 THESEUS 提出的途径,每个研究方向随时间推移所要进行的分阶段的研究活动越多,可以使中到长期的研究工作保持相对的稳定性。此外,绘制一个清晰的路线图,有利于确定全球研究中欧洲研究的地位。

（四）主要策略

在筹备人类探索的活动中,路线图详细规定了需要进一步发展的技术领域。THESEUS 明确了未来 10 年的主要研究目标是深入地进行地球外环境对人体影响的研究,意在通过提供一个在探索任务中保障人的安全,并能使欧洲顺利参与国际载人航天探索任务所需要的以生命科学为导向的路线图。应强调的是,虽然在地面已经对一些课题进行过深入研究,但空间探索任务在环境、技术限制及操作和安全要求方面提供了非常特别的条件。人在低地球轨道以及更远的航天任务中所遇到的问题与在地球上遇到的问题有共同性。THESEUS 专家提出的一些关键性问题与老龄化、营养、民事安全和个人安全及可持续发展等社会问题完全相关。

总之,THESEUS 路线图从三个研究方向提出了一个综合、分阶段实施的建议,采用分阶段办法,提出了围绕有利于发展载人空间探索的主题及其相关建议的研究体系,它的实施将有助于维护和扩大欧洲在国际空间探索中领导者和合作伙伴的地位。

二、欧洲航天医学当前主要研究项目及研究进展

欧洲航天医学正在开展的研究项目包括:欧洲生理学模块、蓝点项目、Envihab 项目、卧床实验以及人工重力等主要项目。

（一）欧洲生理学模块

欧洲生理学模块(EPM)是用于失重状态下人体生理研究的设施,可对人体的心血管、肌肉、心肺生理学、神经系统科学以及骨骼生理学进行实验研究。项目自 2008 年 2 月启动以来,子模块逐年增多,EPM 目前包括五个子模块,即神经系统科学模块、心血管实验模块、肌肉模块、内分泌模块以及骨代谢模块。EPM 是欧洲航天局(ESA)在国际空间站欧洲舱段主要进行的实验项目,目前用于在轨航天员健康实时监测。

（二）蓝点项目

蓝点（Blue Dot）是 2014 年由 ESA 航天员亚历山大·格斯特（Alexander Gerst）在国际空间站完成的工作项目。项目取名"蓝点"，灵感来自空间站拍摄地球的照片，即从太空看地球是一个封闭在蓝色大气中的小岩石球体。格斯特从 2014 年 5 月 28 日到 11 月 10 日在国际空间站工作 166 天，这期间他完成大约 100 多项实验，涵盖了从材料物理与空间医学生物学的多个学科，其中包括目前航天医学领域最为关注的失重对视力的影响实验。

（三）Envihab 项目

人与环境实验设施（Envihab）是一种全新设计、旨在研究整个人类并考虑其与环境的相互作用的战略性研究设施。该设施由德国航空航天中心（DLR）所属的德国航空航天医学研究所这一航天医学领域世界领先的研究机构所开发，设施位于德国科隆，于 2013 年 7 月正式启用。这个设施研究区域面积 3500 平方米，主要用于研究极端环境对人类的影响及其可能的对策，目前由 8 个独立模块和 6 个研究实验室组成，其研究的重点是空间和飞行生理学、辐射生物学、航空航天心理学、航天医药、生物医学和地面模拟实验。

（四）2012—2013 年卧床实验

卧床实验是研究重力负荷如何影响骨骼和肌肉的主要的地面模拟研究方法。它通过模拟航天飞行的某些方面，让科学家了解人体的再适应试验方法，为未来航天员健康维护提供帮助。中期营养和振动运动卧床实验（MNX）自 2012 年启动，为期 1 年，主要目的是研究两种用于减轻航天员对微重力效应的有效性，一是受试者卧床期间在振动台上进行下肢"下蹲"锻炼，每周进行两次；二是卧床期间受试者的日常饮食中加入蛋白和碳酸氢钾补充剂。ESA 自 1989 年开展卧床实验研究以来，逐渐确定了卧床研究的长期计划，完成了不同实验条件下的多项实验。卧床实验特别规范了营养的摄入，受试者的营养摄入完全被监视和控制。

（五）人工重力

人工重力是在载人航天器上通过对整体或部分进行稳定持续旋转或线性加速以模拟重力的作用,它是对失重生理效应进行防护的一项重要措施,未来有完全抵消长期失重飞行所致各种生理变化的可能性。目前德国航空航天医学研究所主要通过采用短臂离心机来观察人工重力防护心血管和肌肉失调的效果。未来人工重力研究主要解决什么样的人工重力水平、作用多长时间和什么样的使用频率可阻止心血管失调的发生。ESA 主要通过非卧床、卧床实验和在轨飞行研究三个途径进行人工重力研究。

三、欧洲航天医学发展特点分析

欧洲航天医学积累了大量空间实验和地面模拟实验的数据和研究成果,从对人在太空飞行中单纯地实施医学保障发展到寻求对人对航天的适应起因机理的了解。除此之外,欧洲航天医学已开始强调航天医学相关领域基础科学的研究,通过基础与应用科学研究的结合,探索从多学科的途径解决人类在太空飞行中遇到的困难。

（一）首次实施飞后恢复,航天实施医学发展进入应用阶段

航天实施医学是航天医学的实际应用部分,覆盖了航空、航天和旅行医学中的多学科领域,直接保障航天员在飞行中的健康、安全和工作能力。2014 年 11 月 10 日,欧洲航天员亚历山大·格斯特完成为期 166 天左右的太空飞行返回地球后首次直接返回德国航空航天医学研究所,在最先进的 Envihab 设施中进行飞后恢复,这是 ESA 航天员首次在本土进行飞后恢复,此前欧洲航天员均在 NASA 约翰逊中心进行飞后恢复。格斯特将在 ESA 医生和理疗师照顾下,每天通过走路或爬楼梯来弥补在太空中的肌肉丢失,同时监测返回地面数小时、数天及数周后人体不同系统的再适应过程。实施飞后

恢复标志着 ESA 已具备相当的医监医保技能与知识,也显示出欧洲航天实施医学从研究阶段进入应用阶段。

(二)太空实验与地面模拟实验相互验证

ESA 不仅开发了大量地面模拟研究设施,而且其载人和非载人航天器也构成强大的太空研究基地,这对于欧洲航天生物医学的发展无疑提供了必不可少、得天独厚的研究条件,地面和太空研究的结合才能产生高水平的研究成果,才能揭开许多人类生命科学之谜,才能攻克研究中的道道难关。"哥伦布"微重力舱(MFC)计划是欧洲对国际空间站创新应用的最重要的贡献。ESA 充分利用微重力舱,精心准备设计多项太空实验,详细分析太空数据以便了解微重力对人体的影响。当然,太空实验所获得的研究成果,包括研发适用的对抗措施都还需要地面研究的补充。ESA 开展了大量地面模拟实验,包括南极肯考迪娅工作站、卧床实验、洞穴(CAVES)实验等。航天员长期航天飞行任务极其有限,研究内容、方法和期限都受到极大限制,而地面模拟实验与航天员长期航天飞行任务具有相似之处,研究人员将其作为重要研究基地,深入开展医学、生理学和心理学领域的研究,并将研究结果与太空实验成果相互验证,为人类实现未来星际探索寻找最佳方案。

(三)瞄准星际探索,适时开展长期飞行相关研究

以往低地球轨道载人航天任务已经证明了人类可以长期在太空生存和工作。然而,尚有亟待解决的技术、医学和心理问题(如电离辐射防护、心理问题、行为和绩效、预防骨质流失等)。为了解决上述问题,国际空间站决定将目前 6 个月的任务期限延长至 1 年(2015—2016 年),进一步研究航天飞行对人的健康与绩效影响的阈值,验证维持骨骼、肌肉及整体健康的措施是否有效,并用现代分析技术来识别下一步关注的新领域。这项任务对于载人火星飞行准备工作中的医学统计数据收集是非常有必要的,目前国际空间站成员国航天医学专家共同探讨了 2015 年将开展的

1 年期飞行任务中人体健康可能面临的风险问题。ESA 正在积极准备参与此项研究,以取得相关研究数据,为未来火星探索奠定基础。

(四)德、法两医学研究所既有合作研究又独具特色

目前,ESA 航天医学研究主要集中于德国航空航天医学研究所和法国航天医学与生理学研究所。ESA 通过发布欧洲航天政策及发展战略,在 ESA 及其成员国之间建立科学统筹机制,最大程度的发挥投资价值,避免重复研制,从而满足欧洲共同的需求。

德国航空航天医学研究所隶属德国航天中心(DLR),主要从事与航天航空和交通有关的生命科学问题研究。研究所的中心任务是保证人,包括飞行员、航天员、汽车乘客和居民等的健康与绩效,在微重力环境下进行医学研究,从医学的角度发展对抗措施。

法国航天医学和生理学研究所(MEDES)主要承担 ESA 航天员的选拔、测试,以及为航天员乘组提供支持,此外,还从事航天医学及临床医学方面的大量研究。空间辐射、微重力和心理问题成为其航天医学领域的三大重点关注问题。MEDES 专门设有一个医学实验中心,中心多次完成卧床实验为长期航天飞行取得了重要实验数据。

两家研究所除继续进行航天实施医学研究外,也注意到航天基础研究,即注意研究失重条件下人体各种生理功能变化的机理;从单独研究应用走向航天医学工程的全面研究,即除抓好应用研究和应用基础研究外,也注意开展基础理论的研究。

(五)医学数据管理系统科学

目前,ESA 已建立了综合的数据存储和管理系统,以便有效地利用一切可利用的资源。利用这些数据库可以为乘员在轨关键的、高质量的医疗保健奠定基础,无疑也有利于长期太空飞行医疗方案的提出。除了标准化的实验设计、绩效和分析方法外,ESA 向整个

科学界的不同研究小组提供收集到的数据,以便进行比较和合理利用;同时提供乘员回顾性和预测性的匿名健康数据。这不仅避免数据的重复建设,还提高了数据的使用效率。

（中国航天员科研训练中心）

NASA 跟踪与数据中继卫星系统
现状与未来发展

摘要: 为满足美国 2020—2040 年航天任务对跟踪与数据中继卫星系统(TDRSS)的性能要求,美国国家航空航天局(NASA)开展了天基中继研究、激光通信中继演示验证、空间通信和导航试验平台等多项与 TDRSS 未来发展有关的研究项目。本文在简要介绍这些研究项目的基础上,对这些项目涉及的关键技术及项目的共性特点进行分析,总结出 NASA TDRSS 未来可能的发展思路,希望藉此对 TDRSS 未来的发展方向形成初步认识,供参考借鉴。

跟踪与数据中继卫星系统(TDRSS)是美国国家航空航天局(NASA)发展的天基卫星测控通信系统,又称天基网(SN),是 NASA 空间通信与导航(SCaN)综合网的重要组成部分,与近地网(NEN)和深空网(DSN)一起,为 NASA 和其他相关机构的卫星、飞行器及运载器提供空间通信与导航支持。TDRSS 提供的测控通信能力包括:S、Ku、Ka 频段单址业务,S 频段多址业务,单向和双向测距及测速功能。基于天基的测控通信保障了测控、通信的高覆盖率,满足了日益增长的高速数传和多目标测控通信的要求。

随着第三代跟踪与数据中继卫星(TDRS)的部署,NASA 开始考虑 2020 年以后 TDRSS 的发展,正在进行的天基中继研究(SBRS)、激光通信中继演示验证(LCRD)、SCaN 试验平台项目涉及未来天基中继体系结构、激光通信技术、空间联网技术以及软件无线电技术等下一代 TDRS 的关键技术。鉴于 TDRSS 是未来天基信息传输系统的重要组成部分,目前 NASA 所做的研究,将可能影响到美国未来的天基信息传输系统的构建。通过对 SBRS、LCRD、SCaN 试验平台项目进行跟踪研究,分析项目所涉及的关键技术,可以藉此展望第四代 TDRSS 的发展方向和原则。

一、发展背景

(一)天基网发展历程

为完成各种航天活动,从 20 世纪 50 年代末,NASA 就开始构建适应不同任务需求的各类航天测控网,最终演变为天基网、近地网和深空网 3 个主要部分。其演变过程如图 1 所示。

NASA 从 20 世纪 80 年代初开始部署 TDRSS,到 90 年代中期完成系统配置,建成完全实用的系统。至 2014 年 8 月,NASA 一共发展了 3 代 TDRS。1983—1995 年,NASA 完成了 7 颗第一代 TDRS 的部署(1颗发射失败),即 TDRS - 1 ~ TDRS - 7,其中 TDRS - 2 卫星在 1986 年发射失败。第一代 TDRS 卫星设计寿命 10 年,卫星同时具有 S 和 Ku 频段的服务能力。目前,TDRS - 1(2010 年 6 月)和 TDRS - 4(2011 年 12 月)已退役,其余仍在超期使用,预计第一代 TDRS 将在 2015 年全部退役。2000—2002 年,NASA 部署了 3 颗第二代 TDRS,即 TDRS - 8 ~ TDRS - 10,设计寿命 11 年。3 颗卫星分别在 2000 年、2002 年 9 月和 2002 年 12 月发射入轨。二代卫星保留原有的 S 和 Ku 频段,增加了 Ka 频段。2013 年 1 月,NASA 开始部署第三代 TDRS。

(二)启动三网合一

2006 年,NASA 发布《2005—2030 年 NASA 空间通信与导航体系结构建议》。2010 年,NASA 提出建设综合测控网,即空间通信与导航(SCaN)综合网,把 NASA 目前拥有的 3 个独立测控网(近地网、天基网、深空网)整合成一个统一的综合测控网,利用标准化的业务和接口环境提供测控服务。

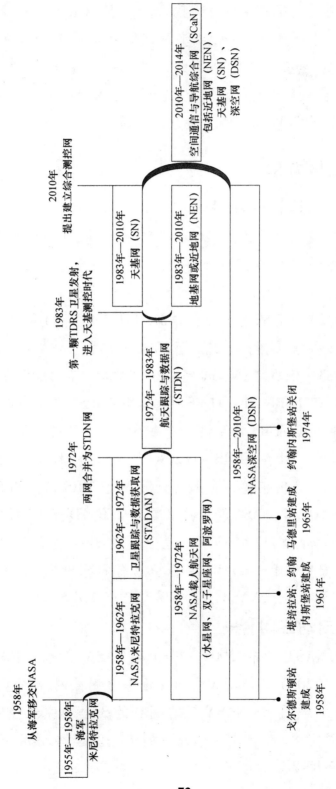

图 1 NASA航天测控网发展历程示意图

（三）NASA 航天测控资源开始进行整合

当前,NASA 正在进行的航天测控资源整合的核心是天基网、近地网和深空网的一体化,分为 2 个阶段进行:阶段 1,主要是置换和升级已有的天基网地面部分,发射 TDRS – K/L/M,进而完善天基设施;阶段 2,将发挥阶段 1 联合开发的硬件和软件优势,升级近地网和深空网,从而形成一个标准化的业务和接口环境。

NASA 计划在 2018 年完成 SCaN 综合网的建设,正在开展的第三代 TDRS 部署及其地面系统维护计划"天基网地面段维持"(SGSS)项目是建立 SCaN 综合网的重要阶段。

二、基本情况

（一）空间段

美国 NASA 自 1976 年启动 TDRS 研制工作以来,已完成二代 TDRS 的部署,现已开启第三代 TDRS 的部署。

第三代 TDRS 共 3 颗(TDRS – K、L、M),设计寿命 15 年,可同时提供 3 个频段的服务能力:S 频段和高数据速率的 Ku、Ka 频段。TDRS – K 在 2013 年 1 月 31 日成功发射,升空后更名 TDRS – 11。TDRS – L 在 2014 年 1 月 23 日成功发射。根据相关资料分析,这 2 颗卫星当前都仍处于在轨测试阶段。

至 2014 年 12 月,TDRSS 空间段包括 9 颗中继卫星(4 颗第一代 TDRS,3 颗第二代 TDRS,2 颗第三代 TDRS)。具体部署如表 1 所列。TDRS – 1 和 TDRS – 4 退役后位于超同步轨道。

表 1　当前 TDRSS 空间段的配置

轨位归属	中继星名称	位置	所属代
印度洋赤道上空	TDRS – 7	275°（W）	第一代
	TDRS – 8	271°（W）	第二代

（续）

轨位归属	中继星名称	位置	所属代
太平洋赤道上空	TDRS－5	167°（W）	第一代
	TDRS－10	174°（W）	第二代
	TDRS－11	171°（W）	第三代
大西洋赤道上空	TDRS－3	49°（W）	第一代
	TDRS－9	41°（W）	第二代
	TDRS－6	62°（W），备份轨位	第一代
	TDRS－L（测试中）	12°（W）	第三代

（二）地面段

目前，NASA TDRSS 地面段主要由位于新墨西哥州的白沙综合设施、位于关岛的远程地面终端和位于马里兰州哥达德航天飞行中心（GSFC）的网络控制中心（NCC）组成，通过 NASA 综合业务网（NISN）连接。白沙综合设施的白沙地面终端（WSGT）和 TDRS 第二地面终端（STGT）支持大西洋和太平洋上空的 TDRS，关岛远程地面终端支持印度洋上空的 TDRS。此外，澳大利亚 TDRSS 设施（ATF）（即位于澳大利亚的 2 个 S 频段测控站）负责印度洋上空 TDRS 的测控。

美国还建设了转发测距系统（BRTS），分别位于新墨西哥州南部的白沙、南太平洋的萨摩亚、南大西洋赤道海域的阿森松岛和澳大利亚的爱丽丝泉，为 TDRS 提供支持。测距应答器系统共有 4 座。

为了配合第三代 TDRS 卫星的部署，NASA 开展了天基网地面段维持（SGSS）项目，项目于 2011 年启动，采用先进的技术和体系结构，对现有地面终端系统进行升级改造；计划新增一个地面终端站，位于马里兰州的布洛索姆角正在建设中，预计 2015 年即可投入运行，届时将可为一次性运载火箭发射提供支持，并将传输大量的用户信息,包括载人任务的话音、各种航天器返回地面控制中心的视频和科学数据。TDRSS 地面系统升级预计在 2016 年年底完成。届时,TDRSS 的系统能力将会得到很大提高。

(三)近期发展展望

在第三代 TDRSS 部署期间,值得关注的事件包括:

(1) TDRS – M 将于 2015 年 12 月发射;

(2) 布洛索姆角远程终端站将于 2015 年建成并开始运行(该处早期曾是米尼特拉克站的原型站,后由海军研究实验室用作卫星控制中心);

(3) 增加 TDRSS 导航波束,即 TDRSS 卫星增强服务(TASS)。

提供 TASS 需要 NASA 全球差分 GPS 系统(GDGPS)所获取的 GPS 性能信息。GDGPS 是喷气推进实验室(JPL)开发的高精度 GPS 增强系统,用来支持 NASA 科学任务所要求的实时定位、定时和轨道确定需要。GDGPS 于 2000 年进入全面运行,在 2000 年可靠性就已达到 99.999%。

TASS 业务利用 GDGPS 系统获取的 GPS 性能信息,通过 TDRSS 卫星,用 S 频段向地球卫星广播 GDGPS 实时差分修正信息,从而实现卫星自主精确定轨、科学处理和地球轨道上的操作规划。TASS 信号还提供一个与 GPS 同步的测距信号。

NASA 在 2006 年发布了 TASS 系统的演示(测试)信号,在 2013 年开始进行的 SCaN 试验台新技术测试中,内容之一就是对 TASS 进行测试。NASA 一直计划从第三代 TDRS 卫星开始提供这项服务。

三、与未来发展有关的研究项目

按照计划,随着 TDRS – M(TDRS – 13)的发射,以及 TDRS – 7 和 TDRS – 6 退役进入超同步轨道,到 2015 年年底,在轨服役的 TDRS 仅有 6 颗,其中 1 颗作为备份,TDRSS 部署如图 2 所示。

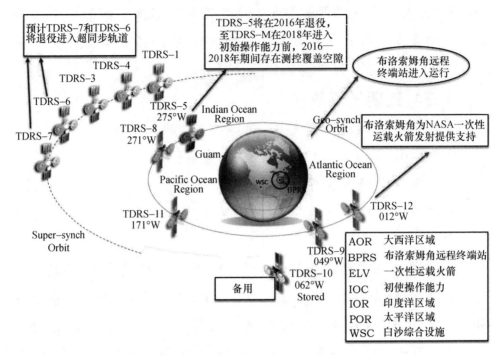

图 2　2015 年年底的 TDRSS

之后,TDRS - 5 将在 2016 年退役,而 TDRS - M 在 2018 年进入初始操作能力,2016—2018 年期间存在测控覆盖空隙。2020 年前,TDRS - 9 也将退役,TDRS - 11 进入常规使用。预计到 2020 年年底,第一代 TDRS 已完全退役,而第二代 TDRS 则已超过设计寿命,在轨服役的 TDRS 仅有 5 颗,其中 1 颗作为备份,TDRSS 部署如图 3 所示。当前的预测是,届时 TDRSS 的性能不足以满足所有预期任务的要求,按照 NASA SCaN 综合网的发展规划,NASA 需要在 2018 年做出与第四代 TDRS 星座性能和进度有关的决策。

鉴于 TDRSS 在 2020 年所面临的压力,NASA 开展了多方面的研究工作,希望通过专门的研究项目——天基中继研究项目(SBRS),以及与技术发展和演示验证有关的一系列项目为未来 TDRSS 的发展奠定基础。

(一) 体系结构研究——天基中继研究项目

NASA 哥达德航天飞行中心(GSFC)探索和空间通信部 2013—

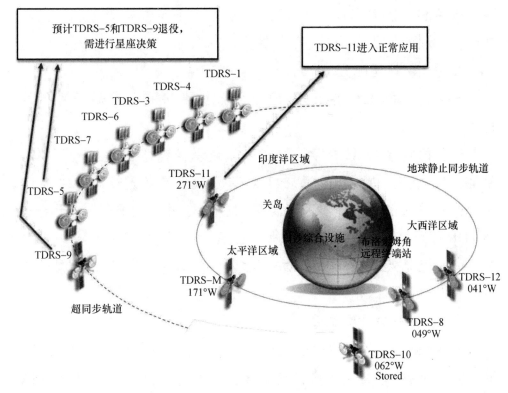

图 3　2020 年年底的 TDRSS

2014 年正在进行 SBRS 项目,目的是确认未来天基中继通信和导航的体系结构,以支持 NASA 在 2020 年代中期及以后的航天任务。

SBRS 将力求寻求一个可升级的、互操作的、高效费比的解决方案,以满足未来的需求。SBRS 将基于频谱性能、可行性、可负担成本、安全、适应众多用户(包括不断演进的载人航天飞行计划)的灵活性等参数,产生一个精简的建议体系结构选项集和用于未来评估的业务/程序化方法。将重点关注以下关键要素:可扩展性,能够满足未来的要求;互操作性,提供与其他网络的互操作能力;从当前体系结构平滑过渡到新体系结构的能力;业务的标准化;低开发成本;低运行成本。

SBRS 强调未来天基中继体系结构的 3 个维度:

1. 用户需求和服务性能

用户需求评估将主要基于 2020—2040 年期间规划的任务草案。

服务和性能考虑包括轨道覆盖、规划水平与按需服务、时延、数据速率/数据量、服务周期、安全要求。

2. 技术/物理配置

研究需要关注当前新兴、2020 年代中期将充分发展而可行的技术。

评估的技术包括:光学、微波、毫米波星间链路,相控阵,容中断网络,空间联网,认知和自适应协议,以及软件定义无线电。

这些技术能够以多种配置部署,包括:专用航天器(类似于现有的 TDRS),作为商业卫星或其他政府卫星的搭载载荷,具有分布式能力的小卫星簇,或者是多种方法的综合。体系结构选择强调天基和地基网络的一体化。

3. 商业(业务)实施

即 NASA 采办和运营未来体系结构的方法,包括:公－私合营,单纯商业服务,与其他政府机构联合拥有所有权,以及传统的 NASA 专有系统。

(二)激光通信技术研究——激光通信中继演示验证计划

近两年,NASA 先后开展了多次激光通信技术的飞行演示验证:在 2013 年,年初首次在地月之间进行了单程的激光传输,将达·芬奇名画《蒙娜丽莎的微笑》从哥达德航天中心发送到绕月飞行的"月球勘测轨道飞行器"(LRO);随后,在 10 月—11 月间,成功进行了"月球激光通信演示验证"(LLCD),在地月之间建立了双向光通信链路,实现了下行 622 兆比特/秒和上行 20 兆比特/秒的传输速率,并且测距精度达到厘米级。2014 年 6 月,喷气推进实验室(JPL)利用国际空间站成功开展了"激光通信光学有效载荷"(OP-ALS)项目,演示了高清视频的高速传输。

为了全面充分地验证空间激光通信链路与网络技术,美国开展了另一项空间高速光通信演示验证计划—激光通信中继演示验证

（LCRD）项目,该计划是 NASA 在第四代 TDRS 上提供激光通信业务的重要一步。

LCRD 以 LLCD 为基础,将进一步演示验证 NASA 下一代跟踪与数据中继卫星的关键技术和近地/深空光通信技术,包括跟踪捕获技术、链路与网络协议、调制技术、先进网络技术和运行理念,为未来 NASA 设计、建设和运行高效费比光通信系统和中继网络积累经验。按照规划,LCRD 终端将搭载商业通信卫星于 2017 年发射升空,进行为期 2 年的试验。

（三）软件无线电技术研究——SCaN 试验平台

由于 TDRSS 是 SCaN 综合网的重要组成部分,该项目对于 TDRSS 具有重要影响。由于 SCaN 试验平台应用了软件无线电技术,通过简单的软件升级,就可增加新的通信标准和频率,实现多通路、多层次和多模式的无线电通信,实现不同平台和系统之间的通信兼容。NASA 未来的深空探索任务将利用这种空间软件无线电技术,保障从低地球轨道至深空的可靠信息传输。

2012 年下半年,NASA 格林研究中心（GRC）研制的 SCaN 试验平台经日本 H2B 火箭运送至国际空间站,安装在国际空间站外部的快速后勤支架 3 上;2013 年 4 月下旬,NASA 开始利用 SCaN 试验平台对多项空间软件无线电技术进行演示验证,并测试使用软件无线电技术的新一代空间通信技术、空间互联网技术与导航技术,预计试验将持续 5 年时间。

这是空间软件无线电技术的首次在轨试验。首先,试验将对 S 频段和 Ka 频段的空间软件无线电通信性能进行验证;然后,利用 2013 年 1 月发射的 TDRS-11 卫星,对平台 Ka 频段的低、中、高增益天线进行验证;该平台还将作为首个使用 L5 频段导航信号的天基用户,使用 GPS 卫星的 L1、L2 和 L5 频段导航信号进行试验。此外,NASA 还将对相应的地面系统进行开发和测试,并将新软件上传至试验平台。

四、未来发展分析

通过对以上在研项目的分析,可以从中看到第四代 TDRS 未来发展的大致方向与原则。

（一）强调一体化、标准化设计

2010 年,NASA 提出将现有的天基网、近地网和深空网合并,建设空间通信与导航综合网,计划在 2018 年建成。SCaN 工程负责建设的空间通信和导航网络将为从地球表面到大气层、低地球轨道以及整个太阳系的用户任务提供通信和导航服务。SCaN 工程强调体系结构的一体化、标准化设计。NASA 期望通过这 3 个网络的一体化体系结构,降低整个的操作和维护成本。

尽管 NASA 的研究尚在进行,但未来的 TDRSS 体系结构肯定会与 SCaN 一脉相承,以及实现标准化的业务和接口环境。因此,第四代 TDRS 仍将延续一体化、标准化的业务和接口环境,与 SCaN 一脉相承。

（二）体系结构存在多元化选择

2013 年,美国空军发布《抗毁与分解式太空体系架构》白皮书,重点是将太空能力"分解"到多个平台或系统之上(包括使用更小的卫星和寄宿有效载荷降低成本)。由于 TDRSS 是美国天基信息传输系统的重要组成部分,承担着为部分军事卫星提供中继服务的任务,此举有可能也会对 NASA 的 TDRSS 体系结构产生影响。

此外,SBRS 团队也在寻求体系结构上的突破,他们提出要"突破思维定式",构建在技术和操作中体现未来性能的体系结构,力求可升级的、互操作的、高效费比的解决方案,以满足未来用户的需求;并且 SBRS 将不受先前技术和业务实践的制约。在此基础上,他们提出了 4 种体系结构设想,包括:专用航天器(类似于现有的 TDRS),作为商业卫星或其他政府卫星的搭载载荷,具有分布式能力的小卫星族,或者是多种方法的综合。因此,对第四代 TDRS 而言,未来天基中继体系结构存在多元化选择的可能性。

（三）多种手段确保技术的先进性

NASA 强调 SBRS 项目初始研发时间是在 2020 年代中期,当前极其不成熟而无法用于部署的技术在下个 10 年将可能会充分发展而变得可行,因此要予以充分考虑,确保未来系统在技术上的先进性。

除了在 SBRS 项目中对未来技术的评估,NASA 还进行了《NASA 一体化空间技术路线图与优先级》和美国未来载人航天关键技术评估,利用程序化方法,通过周期性动态更新,确保对未来主流技术发展的方向做出正确的评估和建议,这两项评估也将前述技术及相关技术作为未来发展的重点方向或优先级技术。

在对未来技术评估的基础上,NASA 开展了一系列研究项目,对这些技术进行演示验证,为未来部署奠定基础。如激光通信中继演示验证计划中关注的激光通信技术,SCaN 试验平台测试的软件无线电技术,这两个计划还同时对空间联网技术进行演示与测试,充分显示了空间联网技术在未来 TDRSS 及其他空间信息网络中的重要性。

（四）重视高效费比

当前美国的财政环境下,NASA 和国防部的预算一直被压缩,与第四代 TDRS 有关的研究项目在设立之初就面临预算紧缩环境。因此,相关项目都对成本非常关注。SBRS 强调财政可维持的体系结构,而 LCRD 项目在 2014 年由于资金不足需要进行调整。

NASA 在 SBRS 项目的白皮书中指出 SBRS 需要遵循的 5 条规则,其中有 4 条规则与成本有关:未来体系结构的效费比应该是其设计的内在部分;正确的解决方案应该是负担得起的,从设计之初就要满足程序化制约和保守的预算拨款;操作和开发成本将相对于支撑预算拨款达成平衡;最有价值的体系结构将包括几个关键要素,其中之一是"低开发成本,低运行成本"。

五、结束语

在经历了 3 代 TDRS 的发展后,新一代 TDRS 面临技术和成本等诸多挑战,由于与 TDRSS 未来发展有关的研究项目还在进行中,体系结构与具体技术的发展还存在变数,如空间联网技术的成熟可能赋予体系结构更多的选择,而体系结构的多元化选择为构建空间通信与导航体系提供了更多可能,更加开放灵活的体系结构有待继续跟踪。作为未来美国空间信息系统的重要组成部分,作为 SCaN 网络的重要组成部分,在一体化、标准化、低成本和高效费比原则的引领下,随着激光通信技术、软件无线电技术、空间联网技术以及其他新兴技术的发展,TDRSS 提供测控通信高覆盖率的性能和地位将不断强化,并将随着 SCaN 网络的演进而不断发展。

(北京跟踪与通信技术研究所)

美国航天发射系统脐带系统的设计方案研究

摘要:随着运载火箭系统向大型化方向发展,脐带系统的操作能力要求越来越高,以减少操作时间与人力,提高维修可靠性。本文通过介绍美国新一代航天发射系统脐带装置的设计分析,以了解美国航天部门如何在运载器脐带连接装置设计方面不断进行总结与综合优化。

根据美国国家航空航天局(NASA)公布的方案,航天发射系统(SLS)的脐带系统装置主要设有连接脐带、摆臂、火箭稳定装置、火箭支撑装置等(如图1所示)。

一、连接脐带

(一)尾部服务塔脐带

尾部服务塔脐带(TSMU)主要为SLS火箭主芯级进行液氧和液氢的加注与排放以及其他勤务保障。TSMU仍沿用"阿波罗"登月项目研发的"向上倾斜"式设计,总重可达54.4吨,能够为SLS火箭在垂直总装厂房和发射台的操作提供电力。新研制的向上倾斜式尾部服务塔可在火箭起飞时缩回,并能与SLS火箭的发射环境相兼容。

液氧和液氢的TSMU都设在运载火箭的同一侧,即活动发射平台的南面一侧,脐带塔的对面。根据参考设计模型的显示结果,TS-MU设在相对于火箭的南/北中心线±12.7°的位置,液氧脐带在西南侧,液氢脐带则在东南侧。TSMU延伸至SLS火箭主芯级的加注与排放口的仰角目前设为200.48°。

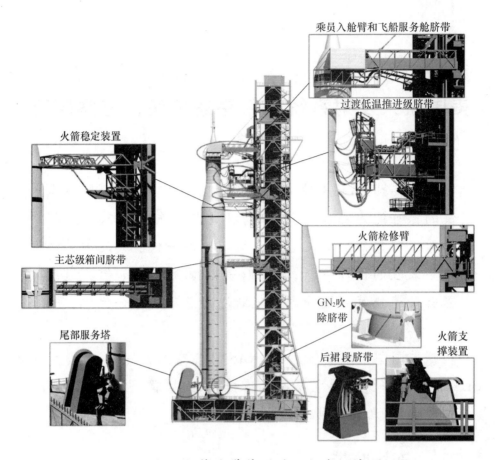

图 1　SLS 火箭脐带装置系统组成示意图

（二）飞船服务舱脐带

"猎户座"载人飞船服务舱脐带（OSMU）是一个 T－0 脐带机械装置,主要用于为飞船服务舱提供地面特种供电、环境控制系统,制导控制系统、呼吸空气、发射控制系统及气态氮。

OSMU 重约 18.14 吨,长约 8.23 米,宽约 5.18 米,高约 12.8 米（包括一个安全遮罩,主要用于保护 OSMU 免受固体火箭助推器点火后的环境影响）。在 T－0 时,固体火箭助推器点火,将释放信号传送到地面脐带板上的释放装置进行 OSMU 的释放。此时,OSMU 的桁架悬臂向上倾斜摆回至设在脐带塔上的安全遮罩处,但在悬臂与服务舱之间仍保持 4.88 米的间距,两者之间设置一个接至地面脐带连接板端部的悬挂式脐带,以此为服务舱提供 T－0 时的脐带连接。

操作人员只能在火箭/飞船停放在垂直总装厂房内时才可进入到地面脐带连接板端部,这也意味着一旦火箭/飞船驶入 39B 发射台并等待发射时,不允许进入地面脐带连接板端部。此外,发射中止系统的环境控制系统脐带则从 OSMU 延伸至发射中止系统的尖拱形室。

（三）后裙段脐带

NASA 的地面研发与操作项目办公室要求活动发射平台应能为固体火箭助推器后裙段接合的加热器和测量元件提供 T－0 时的地面承板部件脐带以及 T－0 时的气态氮吹除装置。因此,设计了两个后裙段脐带(ASU),用于固体火箭助推器操作时的电气保障、气态氮吹除和数据连接。每个 ASU 重约 1.68 吨,高约 1.7 米,宽约 0.94 米,厚约 0.94 米。

（四）过渡段低温推进级脐带

过渡段低温推进级脐带(iCPSU)重约 45.4 吨,主要为 SLS 火箭上面级的过渡段低温推进级提供有关液氢加注与排放、液氧加注与排放、气态氢的排放、地面特种供电、环境控制系统、气态氮、危险气体与泄漏检测系统、反作用稳定控制系统、飞行安全系统以及气态氮的勤务保障。

iCPSU 将在垂直总装厂房内安装到运载火箭上,其包括一个可为 SLS 火箭提供物理连接点的地面脐带连接板。操作人员只能在火箭/飞船停放在垂直总装厂房内时才可进入到地面脐带连接板端部。在倒计时程序结束之时,操作人员发出 T－0 释放指令,启动 iCPSU 的缩放摆臂。该摆臂中的桁架悬臂与 SLS 火箭之间保持约 3.05 米的距离,并通过 5 根悬挂式脐带连接。

iCPSU 的 T－0 脐带及接口目前是依据"德尔它"4 火箭的 5 米直径二子级的基本要求进行设计的。为了降低成本并尽可能地采用已验证过的硬件,iCPSU 的摆臂使用了航天飞机时期 39B 发射台的气态氧排气臂绞链及 39A 发射台的全部锁闩、减震器与工作平台。操作人员可在活动发射平台的脐带塔 67.06 米和 73.15 米处进入到 iCPSU。

（五）主芯级箱间脐带

NASA 原计划是继续使用航天飞机外贮箱的地面脐带承板（GUCP）和排放管线，但 SLS 火箭的设计方案要求使用更大的箱间脐带连接板，此外，NASA 的地面研发与操作项目办公室基于研制成本与项目进度要求，认为航天飞机的箱间脐带技术不适用，而应为 SLS 火箭设计新的主芯级箱间脐带。

新设计的 SLS 火箭主芯级箱间脐带（CSITU）长约 13.7 米，宽约 2.44 米，高约 4.57 米。拟设计的脐带板尺寸约为 0.864×1.372 米。操作人员将在垂直总装厂房内进行 CSITU 及其地面承板的对接（不允许在发射台进行脐带的对接），并使其保持连接直至火箭发射升空。

（六）主芯级前裙脐带

在活动发射平台的原方案中，并没有火箭主芯级前裙脐带（CS-FSU）的设计，但随着 SLS 火箭与"猎户座"载人飞船项目研发工作的深入，最终形成了 CSFSU 的设计成果。

CSFSU 是一个 T-0 脐带装置，主要为 SLS 火箭的主芯级前裙段提供吹除与其他勤务保障。拟设计的脐带连接板尺寸约为 1.168×0.864 米。操作人员将在垂直总装厂房内进入 CSFSU，将脐带连接板安装到 SLS 火箭上。SLS 火箭的主芯级前裙所需管线将穿过脐带臂稳定装置的桁架，并呈悬挂状从脐带臂延伸到主芯级前裙位置。

二、连接摆臂装置

（一）乘员入舱臂

NASA 为 SLS 火箭和"猎户座"飞船新设计的乘员入舱臂（CAA）长约 20.42 米，宽约 3.05 米，高约 5.49 米，设计重量约为 33.57 吨，包含一个可进入服务舱的低位平台。CAA 与 ML 脐带塔的连接点设在 82.30 米高处,操作人员可从 79.25 米处进入 CAA。

NASA 原本计划继续使用原航天飞机项目时的硬件,即将 39A 发射工位的轨道器入舱臂(OAA)桁架部件用作 SLS 火箭的 CAA。然而工程评审委员会认为此方案不可行,建议研制新的桁架摆臂并加入电力机械控制部分的设计。但无论是原桁架部件的再利用,还是研制新的桁架摆臂,都必须研制新的 CAA 铰链传动系统、锁闩以及乘员进入飞船时所需的环境控制洁净室。

虽然"猎户座"飞船的 CAA 与"阿波罗"飞船和航天飞机的设计方案相同,但新一代充气式密封装置在原先技术的基础上进行了发展创新。在航天飞机时期,CAA 与轨道器之间的最末段设置了一个低压、充气式的钢化玻璃密封件,而绝尘室则呈超压状态提供辅助。而目前针对"猎户座"飞船发射任务,NASA 所设计的新型充气式、管状密封装置的技术性能则大大超越了"阿波罗"和航天飞机时期,甚至可以防止灰尘、碎片及昆虫进入飞船。此外还能在佛罗里达州特有的大风天气状态下,进一步减缓运载火箭的摆动。

2012 年 11 月,NASA 在其发射设备试验厂房内成功地完成 CAA 的密封装置样机的测试评估。为了更好获取模拟测试与评估效果,NASA 还设计研制了飞船外型线与绝尘室的尺寸模型,用于固定密封装置,同时将这两个组件安装在运载火箭摆动模拟器(VMS)旁的台座上。"猎户座"飞船的外型线则与 VMS 连接在一起。在测试评估中,密封装置安装在"猎户座"飞船模型的外部。为了更好地保护飞船,密封装置给与飞船的压力仅为 0.035 ~ 0.022 千克/平方厘米,此设计方案能够在保证密封牢固、隔绝雨水的同时,不会对飞船产生太大的压力而造成损坏。VMS 动态测试显示,在密封装置保持固定不变的情况下,运载火箭的上下摇摆幅度为 203 毫米,左右摇摆幅度为 406 毫米。

(二)火箭检修臂

除了 CAA 外,NASA 还设计了两个火箭检修臂(VAAs),为 SLS

火箭的发射任务提供相应的勤务保障。每个 VAA 重约 22.68 吨，主要用于操作人员进入过渡段低温推进级(iCPS)进行火箭自燃燃料的加注。此外，还可进入主芯级前裙段进行传输管线替换装置(LRU)的更换，LRU 主要由电子设备与控制系统部件组成。

三、火箭稳定装置

由于固体火箭助推器的牵制装置不足以使 SLS 火箭在行驶与射前操作过程中处于一个十分安全和稳定的状态，因此，NASA 采用了一个火箭稳定装置(VS)，其目的是使 SLS 火箭能够在行驶、发射台和射前操作过程中始终处于稳定和安全的状态。

VS 将设计成一个 T−0 释放装置，安装在 SLS 火箭两侧(高度约为 47.73 米)、主芯级环状面 135°和 225°处。VS 的制动装置具有稳定的减振能力，可使 SLS 火箭在横向摆动的稳定负载达到 22680 千克，在纵向摆动的稳定负载达到 90720 千克(摆动峰值小于 0.3048 米/秒)。

设计人员为 VS 设置了硬锁和软锁传动系统，可硬锁在 T−0 之前无需断开就能被解开。该项功能的设计能够在出现发射取消或中止的情况下，将硬锁重新啮合。但根据活动发射平台的设计要求，有可能在最终设计阶段将 VS 和 CSFSU 合并成一个脐带装置。

四、火箭支撑装置

NASA 继续使用为"阿瑞斯"1 火箭设计的固定式火箭支撑装置(VSP)，并利用原航天飞机牵制装置(HDP)的防爆护罩、衬套、圆形轴承及滑轨止动器，为 SLS 火箭的助推器研制了 8 个 VSP，主要用于通过固体火箭助推器为 SLS 火箭提供结构荷载支撑。这些 VSP 高约 1.73 米，宽约 1.09 米，厚约 1.25 米。

根据目前的设计方案，VSP 是固定的，仅依据火箭重量为固体火箭助推器提供支撑基座，将地面保障设备螺栓穿插过 VSP 和固体火箭助推器,以保证行驶过程中操作的稳定性。

在航天飞机项目时,其活动发射平台台面上的支撑装置具有牵制作用,并通过在 T-0 时,将引爆剂爆炸并使牵制螺栓爆炸,从而使固体火箭助推器与发射台分离。虽然 SLS 火箭的 VS 方案认为无需为 VSP 设计主动式牵制支撑,但地面研发与操作项目办公室通过对运载火箭的载荷分析,认为运载火箭的高度要求及发射漂移可能会超过 VSP 的设计高度或产生漂移扰动,由此即使设计了 VS,也还需要增加牵制作用,因而在后续的项目实施中,有可能将航天飞机的 HDP 取代 VSP。

五、脐带系统设备测试验证

NASA 于 2012 年末完成了试验型脐带摆臂的系统安装与综合测试,测试结果及相应研究进展将有助于下一个阶段的脐带摆臂硬件设计与研制。

在进行测试前,技术人员将试验型脐带摆臂安装在置于肯尼迪航天中心(KSC)发射设备测试厂房(LETF)内的活动发射平台模拟器上,然后开展后续的检测与模拟测试。在完成测试后,脐带摆臂上的部分硬件将用作"猎户座"飞船服务舱的脐带(服务舱脐带主要保障飞船主动力和环境控制系统)。本次模拟测试的目的:

(1) 验证在地面—飞行硬件处于连接时,与脐带摆臂伸缩装置的动态特性、应力和热状态相关的工艺分析模型。为此,NASA 在 LETF 安装了一个运载火箭运动模拟器来模拟火箭在发射台上的摆动与起飞情景。

(2) 鉴定新设计的"容错故障"型快速断开装置、测定环境控制系统的管道保温性能以及评估应用于航天发射系统的技术耐用性。

(3) 对处于常温和低温两种状态下的脐带摆臂进行测试。测试液体采用的是随时取用、危险性较小、成本较低的液氮。

此次模拟测试的重点是检测脐带摆臂的机械与电气断开技术。

由于安全性和可靠性将是未来航天发射系统的重中之重,因此,NASA 希望新设计的脐带摆臂是一个"容错故障"系统,以确保在某一部件出现故障时,整个系统仍能正常工作。与原先的向侧移动并下降缩回方式相比,SLS 火箭的新型脐带摆臂是以向上倾斜的方式从火箭处缩回原位,这样就可以使脐带摆臂在向上移动时,若其主释放机构出现故障,仍能跟踪火箭的点位,并在火箭达到预定高度时,辅助释放机构也能接合上。

六、结语

从"土星"系统火箭、航天飞机、"阿瑞斯"系列火箭,再到新一代航天发射系统/"猎户座"飞船,随着先进的科学技术的不断发展与应用,NASA 在航天运载器脐带系统连接装置的设计方面不断总结经验教训,更加注重从可靠性的角度将诸多因素进行脐带装置的综合优化设计,注重使用效能,强化质量控制,采用模块化设计,在提高发射任务可靠性的同时减少地面脐带处理过程的操作时间和人员,降低发射任务成本,以此增加发射场的整体保障能力。

(北京特种工程设计研究院)

支持人类在空间长期驻留的
先进技术解析

摘要：欧洲科学基金会在纳米技术、先进材料、纳米电子学和生物技术与药物领域发现了很多有潜力应用于空间任务的非空间领域先进技术，本文着重介绍了其中可支持人类在空间长期驻留的先进技术的发展，以供参考和借鉴。

长期以来，为了保证空间任务能够按时、安全、更具成本效益地开展，在任务开发阶段往往倾向于选择可行性和成熟度较高的空间技术。尽管这样可降低空间任务的风险，但却严重阻碍了空间领域的技术创新。欧洲航天局(ESA)认识到这一状况对其在空间领域保持竞争力和领导力的影响，为此委托欧洲科学基金会联合开展前瞻性研究，预测哪些空间领域以外的技术有潜力催生空间能力突破，以有效支持2030—2050年新的空间任务。2014年7月，欧洲科学基金会发布题为《科学进步所需的技术突破》的研究报告，其中关于未来载人航天活动，以"确保人类在空间停留超过两年"为目标，详细解析了可推动其实现的非空间领域先进技术。

一、人类在空间长期驻留面临的主要问题和解决方案

载人空间飞行相比无人任务增加了很多问题。以火星任务为

例,航天员将在空间中停留长达几年的时间,航天员健康、高效地开展任务是未来超越近地轨道开展深空探索的主要挑战。实现人类在空间的长期驻留必须解决在空间辐射、零重力、身心健康和生命保障系统等方面的诸多难题。

首先是空间辐射对航天员的影响,主要的解决方案包括研制新型屏蔽材料和技术,以及开发治疗和预防辐射的新型药物。

其次是零重力对航天员的影响,解决方案包括开发可应对肌肉和骨丢失等失重影响的先进治疗药物,以及通过技术手段模拟重力从而抵消零重力的影响。

再次是在长期空间飞行任务中保持航天员的身心健康,可能的解决方案包括:开发原位生产药物和其他化学品(如维生素)的技术,可长期持续监测身体机能和环境、且不影响航天员执行任务的纳米传感器,先进远程医疗技术和应对紧急状况的远程手术设备,飞行环境中的细菌控制技术,尽量减少环境应激因素以及研究颠覆性的休眠技术。

最后是用于长期空间飞行任务的生命保障系统,解决方案包括开发原位营养生产技术,基于纳米技术的水和空气循环系统,以及基于3D打印或化学合成等方法的部件和材料的原位加工技术。

二、可支持人类在空间长期驻留的非空间领域先进技术

欧洲科学基金会分别从纳米技术、先进材料、纳米电子学和生物技术与药物几个关键使能技术领域对可支持"确保人类在空间停留超过两年"的非空间领域先进技术进行了分析,并从技术成熟度(TRL)、技术突破所需时间、技术吸引力和空间应用潜力等角度对各项技术进行了系统阐述。

（一）纳米技术

表1　"确保人类在空间停留超过两年"可能所需的纳米技术

具体技术领域	当前技术水平	技术突破时间	技术吸引力	在载人航天活动中的潜在应用
纳米粒子用于水净化	概念（TRL 1-3）	超过10年	广泛关注	生命支持
纳米结构表面	实验室原型（TRL 4）	未来5年	热点领域	细菌/微生物控制
表面等离子体共振:生物传感	实验室原型（TRL 4）	未来5年	热点领域	取样、健康监测

注:"技术吸引力"分为三个等级:"热点领域"表示这一技术领域研究经费充足、研究团队数量众多或对该领域的关注度很高;"广泛关注"表示这一技术领域研究团队数量较多,对该领域的关注度正常;"小众领域"表示这一技术领域的研究团队数量较少,对该领域的关注度较低。以下各表相同

1. 纳米粒子用于水净化

纳米材料有潜力用于饮用水净化,多种纳米粒子已被用于水处理(抗微生物和抗菌治疗),并出现了一些商业产品。但到目前为止,还没有研制出可净化污水的高效系统。当前引发较高关注的是用纳米处理取代饮用水的常规化学处理方法,可降低消毒剂产品带来的危害,并抵御采用传统处理方法对病原体产生的抗性。纳米材料用于水处理的挑战包括防止粒子的聚集,饮用水纳米粒子的滞留和循环,以及纳米粒子的毒性研究及其对人体的影响等。到目前为止,大多数研究都是采用相对清洁的水或纯水,纳米粒子与废水或非纯水的相互作用仍有待确定,这可能在闭环生命保障系统和循环水的处理方面产生潜在的应用。

2. 纳米结构表面

嵌入或蚀刻在材料表面的纳米结构可使材料获得新的特性或增强现有性能。主要应用之一是设计自洁表面。通过近年来的发展,纳米结构的成本和技术都得到极大改善,如已经实现采用金属

纳米掩膜在玻璃上制造纳米结构,并可开展工业规模化生产。利用相关先进技术,可生产出具有增强抗反射性能、极低雾度、具有亲水性或疏水性并可抗沉积(即自洁性)的玻璃表面。自洁性特性除了受消费电子产品领域的青睐以外,也具有应用在长期载人飞行任务中以维持和控制低菌环境的极大潜力。

3. 表面等离子体共振:生物传感

表面等离子体共振是在入射光激发下,固体或液体中的电子发生的集体振荡,不仅可用于检测化学和生物物质的存在和浓度,还可检测各种环境现象,如辐射(电磁辐射或粒子辐射)、电磁场、温度和加速度,其用于分子检测的灵敏度比传统检测方法高几个数量级。当前的研究集中于提供集成的生物传感微型仪器和芯片实验室传感平台。近期,利用更小的纳米粒子、通过表面等离子体共振吸收谱的变化来检测单个生物分子间的结合的光热检测方法获得进展。此外,还新出现一种液滴式生物传感概念。

(二)先进材料

表2 "确保人类在空间停留超过两年"可能所需的先进材料技术

具体技术领域	当前技术水平	技术突破时间	技术吸引力	在载人航天活动中的潜在应用
分子 3D 打印	概念(TRL 1-3)	未来 5 年	广泛关注	化工和制药
2D 材料	概念(TRL 1-3)	超过 10 年	热点领域	传感器、探测器、纳米药物、抗菌治疗、太阳能电池
氮化硼纳米管:药物输送	概念(TRL 1-3)	超过 10 年	小众领域	药物输送

1. 分子 3D 打印

3D 打印技术在制造化学合成和分析所需的"反应容器"方面实现了创新应用。利用 3D 打印技术,只需几个小时和并不昂贵的原材料就可以生产出可靠、稳定的化学反应容器。此外,3D 打印血管、食品、衣物等都有潜力应用于未来空间任务中。

2. 2D 材料

石墨烯作为一种最著名的 2D 材料,近年来获得了极大关注,具有高电导性、良好的热稳定性和优异的机械强度等特殊物理性质。关于石墨烯应用研究的活跃领域很多,包括后硅时代电子学、传感器、太阳能电池、光学和光子学,以及医学领域如治疗、诊断、抗菌涂层、药物输送等等,在未来载人航天活动中有着广泛的应用潜力。基于当前该领域所受到的重视及良好的资助水平,可预期未来将产生重大成果。

3. 氮化硼纳米管:药物输送

氮化硼纳米管可用于开发多功能结构复合材料,具有很多优异特性,如电绝缘、热稳定性和化学稳定性优于碳纳米管,并且是目前强度最高的轻质纳米材料。氮化硼纳米管具有在医疗领域的应用潜力,可用作药物输送和疾病的局部治疗中的纳米载体,以及用于生物医学传感器的纳米换能器。该领域仍然处于起步阶段,仅就氮化硼纳米管与活细胞之间的相互作用开展了相关研究。

(三) 纳米电子学

表3 "确保人类在空间停留超过两年"可能所需的纳米电子学技术

具体 技术领域	当前 技术水平	技术 突破时间	技术吸引力	在载人航天活动 中的潜在应用
生物监测系统	概念 (TRL 1 - 3)	未来 5 ~ 10 年	广泛关注	航天员监控
柔性电子器件	实验室原型 (TRL 4)	未来 5 ~ 10 年	热点领域	生物传感器、 应力监测
有机发光二极管	原型 (TRL 5)	未来 5 ~ 10 年	热点领域	照明
全耗尽绝 缘层上硅	工作系统 (TRL 6)	未来 5 年	热点领域	低功耗和低成本 集成电路

1. 生物监测系统

可不间断地监测多项身体机能的生物监测系统对于长期载人航天飞行任务必不可少,近年来引发关注的包括低功率无线通信和人体监测系统等新型技术。低功率无线通信技术的目标是收发器为 200 千比特/秒信道,功耗仅为 200 微瓦;另一热门研究是开发连续功耗低于 50 微瓦的可唤醒无线电系统。在人体监测系统技术方面,目前处于研发中的身体区域网络将可实现随时、随地的健康监测,航天员可舒适、长期地穿着这些由智能、高灵敏、超小型传感器互联构成的系统,在不影响正常活动的情况下监测生命体征和大脑活动。

2. 柔性电子器件

当前主要利用两种方法制造柔性电子器件,其一为制造超薄硅电路,并将其嵌入到弹性基底材料中;其二为利用弹性材料制造电路,并利用弹性导体实现电互联。柔性电子器件在生物医学和体育产业有广泛应用,将传感器嵌入到可穿戴物品,如衣服、内衣或配饰中,可监测生命体征或环境参数。柔性电子器件技术的提升将有助于实现用户不可见的、真正的"随时随地"监测。此外,小型柔性电路还可以像创可贴一样通过软接触置于人皮肤表面,这种表皮电路可用于监测大脑、心脏和肌肉的电生理活动,无需像传统方法一样在身体上连接电极。该技术预期将在未来 10 年不断降低成本,从而获得更为广泛且重要的应用。

3. 有机发光二极管

有机发光二极管已经成为手机显示屏所采用的一种标准化技术,具有成像质量好、响应时间快、功耗低、更加环保、更易于大规模加工等优势,预期在未来将变革照明和标识领域。近期的研发热点集中在以下几个方面:在金属和塑料柔性薄膜上制造大面积有机发光二极管;优化器件设计,减少有机发光二极管的加工步骤;透明电极的低成本替代方案;优化发光结构和光耦合输出。最终目标是提供成本更低、灵活性更好、光线更舒适、寿命更长和功耗极低的有机发光二极管,在先进乘员居住管理和建筑中获得应用。

4. 全耗尽绝缘层上硅

采用全耗尽绝缘层上硅技术可制造出低功耗、低噪声的超薄晶体管,并与现有的标准互补金属氧化物半导体制造技术兼容。该技术有潜力在未来数年实现商业突破,在降低集成电路功耗的同时,保持或提升传统集成电路的功能,并有可能推动 3D 集成芯片的发展。近期,采用全耗尽绝缘层上硅技术制造单片像素 X 射线探测器已获得验证,未来该技术有望应用于超灵敏探测器领域。

（四）生物技术/药物

表4　"确保人类在空间停留超过两年"可能所需的生物技术/药物技术

具体 技术领域	当前 技术水平	技术 突破时间	技术吸引力	在载人航天活动 中的潜在应用
人的应激因素	概念 (TRL 1 – 3)	超过 10 年	广泛关注	航天员治疗
合成生命	概念 (TRL 1 – 3)	超过 10 年	广泛关注	药物输送、生命支持、生物传感器、原位资源利用
休眠研究	概念 (TRL 1 – 3)	超过 10 年	小众领域	长时间空间飞行、紧急严重受伤的航天员
生物和环境传感器	实验室原型 (TRL 4)	未来 5 年	热点领域	航天员监控、血液采样
纳米药物治疗	工作系统 (TRL 6)	未来 5 ~ 10 年	热点领域	药物输送、局部治疗

1. 人的应激因素

长期载人探索任务中航天员所面临的生理和心理健康问题是任务取得成功的关键所在,其难度丝毫不亚于技术问题。现代研究表明,人的应激可能会对功能绩效和身体健康造成明显影响。在国际空间站和地面标准环境下都开展了各种应激受控研究,应激因素包括活动受限、限制和隔离(如火星 500 任务),并结合环境因素(如缺氧等)。

未来十年的研究工作将加深对表观遗传学和环境之间的相互作用的理解,即哪些因素可决定对一个应激源的最佳适配,应激源既可以是环境性的(如微重力)也可以是疾病状态。研究表明,表观遗传因素可能涉及适应性,了解相关受控机制将有助于开发个体化治疗,并提供在长期空间任务的候选人选拔过程中需参考的相关因素。

2. 合成生命

合成生物学可设计和建造新的生物实体,如酶、遗传回路、细胞以及对现有生物系统的重新设计。该领域可能会为很多领域制造出有用的生物学系统,从而产生重要应用,如药物研究、生物技术、食品生产、生物燃料和生物传感器等。

最受关注的空间应用是生命保障系统回路中的合成微生物,可以用来消耗生命保障系统的副产品,并产生有用的化合物。一项近期研究已经验证利用甲醇作为碳源可制造出经改造的微生物,而甲醇是从空气中去除二氧化碳过程的副产品,两种技术可以有机结合起来。掌握人工合成生命还将可能产生其他应用。在临床工作中的应用包括合成生物学疗法、疫苗开发、细胞疗法和再生医学等。合成病毒可能对抗各种感染或抑制有害细菌的生长。合成细胞生物传感器具有低成本和高稳定性的优点。此外,航天员还可利用各种资源制造消费品和食品。合成生命研究领域尚处于起步阶段,未来所面临的重大挑战除技术发展外,还包括伦理性问题。

3. 休眠研究

在空间旅行中采用人工休眠虽然仍是一种科学幻想,但对于长期空间任务来说,却是一种可真正改变游戏规则的技术。对于细胞和器官的人工诱导代谢减退已经显示可减少缺血损伤,并有望用于中风和心脏病发作的临床治疗。然而,目前将人引入类似于休眠的深度低代谢状态仍仅是个假说。

4. 生物和环境传感器

用于检测特定分子或分子基团的技术近年来发展迅速,结合不断发展的纳米技术,为这一领域带来了游戏规则改变式的提升。痕量元素和化合物分析领域已经开发出可探测单分子的微传感器和纳传感器,未来还将出现可实现快速基因表达和表观遗传分析的诊断工具。此外,新型体内和原位监测传感器也十分重要。利用纳米技术强化医疗器件还有助于减少或简化对航天员开展的生物测量和分析,一方面增强传感器的能力,一方面降低了重量。

5. 纳米药物治疗

纳米材料已经显著推动了癌症研究领域的发展,许多公司正在研究纳米强化药物和治疗方法。很大一部分应用研究利用纳米材料作为药物载体或作为用于诊断成像的造影剂。几种药物已经通过了临床试验,并获批可在美国供人使用。纳米材料的毒性是最重要的挑战,目前政府机构和私人企业都投入巨大精力制定在医药领域利用纳米材料的标准。

三、结论与启示

欧洲科学基金会围绕"确保人类在空间停留超过两年"这一载人深空探索活动的重大目标,在纳米技术、先进材料、纳米电子学和生物技术与药物领域中发现了很多值得关注的先进技术。备受关注的热点技术领域更有可能产生技术突破,如自洁性纳米结构表面、基于表面等离子体共振的生物传感、基于全耗尽绝缘层上硅技术的低功耗和低成本集成电路、生物和环境传感器用于航天员监控和血液采样等,应引起高度重视。

在未来发展空间领域专门技术的同时,也应统筹考虑非空间领域的关键使能技术,快速跟进并充分借鉴非空间领域的科技和应用前沿发展:①空间领域应积极与其他领域前沿研究机构和专家长期保持动态联系,洞悉前沿技术领域及其最新进展,及时发现空间任务中可借鉴的先进技术;②加大力度资助和参与有空间应用潜力的非空间领域技术研发计划,参与已有的技术开发重大专项可能是一种收效更加快捷的方式;③对于应用领域尚不明朗的变革性使能技术领域,应采取有效措施吸引和推动技术开发向空间领域靠近。

（中国科学院文献情报中心）

2014年国外载人运载器发展综述

2014年是航天发射活跃年,全球共执行94次航天发射(含2次亚轨道发射),是1994年以来发射次数最多的年份,其中载人航天及深空探测相关的发射活动有16次,与往年持平(表1)。除美国轨道科学公司的"安塔瑞斯"130型火箭首飞失利外,其余任务均获成功。此外,为确保航天事业的可持续发展,各主要航天大国继续稳步构建新一代运载器能力体系,积极推进下一代运载火箭的规划、研制工作。美国SLS重型火箭研发工作进入新阶段,并继续依靠私营企业的力量发展近地轨道载人运输能力;俄罗斯规划未来重型火箭及载人探月任务;日本和印度在新型运载器研制方面取得一定进展。

一、俄美领军国际空间站发射任务

2014年,除美国为验证"猎户座"飞船系统而执行的探索飞行试验和日本的"隼鸟"2号小行星探测任务,其余国外载人航天活动均围绕国际空间站(ISS)进行,共将4艘载人飞船、8艘货运飞船和1艘自动转移飞行器(ATV)送上空间站。其中,俄罗斯依然承担了全部载人任务,而载货任务由俄、美平分。另外,欧洲发射了最后一艘ATV货船,正式退出ISS货运任务舞台。

表1　2014年载人航天活动发射情况

国家	运载器	日期	有效载荷	结果	发射场	备注
俄罗斯	"联盟"U	2月5日	"进步"M-22M货运飞船	成功	拜科努尔	—
		4月9日	"进步"M-23M货运飞船	成功	拜科努尔	—
		7月23日	"进步"M-24M货运飞船	成功	拜科努尔	—

（续）

国家	运载器	日期	有效载荷	结果	发射场	备注
俄罗斯	"联盟"2-1a	10月29日	"进步"M-25M货运飞船	成功	拜科努尔	—
	"联盟"FG	3月25日	"联盟"TMA-12M载人飞船	成功	拜科努尔	—
		5月28日	"联盟"TMA-13M载人飞船	成功	拜科努尔	—
		9月25日	"联盟"TMA-14M载人飞船	成功	拜科努尔	—
		11月23日	"联盟"TMA-15M载人飞船	成功	拜科努尔	—
美国	"安塔瑞斯"120	1月8日	"天鹅座"飞船(船上33颗立方体卫星)	成功	沃勒普斯	型号首飞
		7月13日	"天鹅座"飞船	成功	沃勒普斯	
	"安塔瑞斯"130	10月28日	"天鹅座"飞船	失败	沃勒普斯	型号首飞,火箭升空6秒后爆炸
	"猎鹰"9-1.1	4月19日	"龙"飞船及6颗小卫星	成功	卡纳维拉尔角	—
		9月21日	"龙"飞船/RapidScat有效载荷/Spinsat卫星	成功	卡纳维拉尔角	—
	"德尔它"4H	12月5日	"猎户座"飞船	成功	卡纳维拉尔角	—
欧洲	"阿里安"5ES	7月29日	ATV5	成功	库鲁	欧洲最后一架ATV
日本	H2A	12月3日	"隼鸟"2号小行星探测器	成功	种子岛	—

（一）俄罗斯"联盟"火箭是 ISS 载人/载货任务主力

俄罗斯"联盟"系列火箭在 ISS 的运行中承担重要角色,不仅保障了全部航天员的正常轮换,还是 ISS 货运补给任务的主要力量。载人任务由"联盟"FG 火箭完成,货运任务由"联盟"U 和"联盟"2-1a 火箭共同承担。

1. 载人任务由"联盟"FG 火箭独揽

2014 年,俄罗斯 4 次载人飞船发射均由"联盟"FG 火箭完成,共将 12 名航天员送至 ISS。该火箭仍是当前世界上唯一具备载人航天运输能力的火箭。

"联盟"FG 是在原有"联盟"火箭基础上改进,主要用于发射俄罗斯国内的有效载荷和载人航天器,低地球轨道(LEO)运载能力为 6.8 吨。截止到 2014 年底,"联盟"FG 火箭已执行了 50 次发射任务,其中 10 次配备"弗雷盖特"上面级,用于执行高轨卫星发射,37 次国际空间站载人任务,3 次国际空间站载货任务,成功率高达 100% ,计划沿用至 2020 年左右。

2. "联盟"2 - 1a 火箭成功执行首次货运飞船任务

10 月 29 日,"联盟"2 - 1a 火箭由位于哈萨克斯坦境内的拜科努尔航天发射场起飞,成功发射"进步"M - 25M 货运飞船,6 小时后,飞船与 ISS 俄罗斯对接舱成功对接。本次任务是"联盟"2 - 1a 火箭首次执行货运飞船发射任务。"联盟"2 - 1a 运载火箭是"联盟"U 的升级型,采用了改进型的 RD - 117 发动机(助推器)、RD - 118 发动机(芯级)和 RD - 0110 液氧/煤油发动机(二子级)。LEO 运载能力提高到 8 吨。该火箭由俄罗斯自主研制,应用新型数控系统、无线电遥测系统。该型火箭采用两级构型,还可根据任务需要增加"弗雷盖特"上面级,之前主要用于卫星发射,2004 年 11 月首飞,至今已成功完成 15 次发射任务。该型火箭还将于 2015 年(2 次)、2016 年(1 次)发射 3 次,此后将全面取代"联盟"U 火箭,未来还有望用于载人飞船发射。

作为货运补给任务的主力运载火箭,"联盟"U 执行 3 次任务,共将重约 7.5 吨的物资运往 ISS。该火箭是两级液体运载火箭,LEO 运载能力为 7.3 吨,起飞质量约 305 吨。截至 2014 年年底,已完成 779 次发射,其中 22 次失败,1 次部分成功,完全成功率达 97% 。

(二)美国商业轨道运输系统承担 ISS 货运任务

美国利用私营航天企业——空间探索技术(SpaceX)公司的"猎鹰"9/"龙"系统和轨道科学公司的"安塔瑞斯"/"天鹅座"系统执行国际空间站货运任务(CRS),但总体完成情况并不顺利。

1. SpaceX 公司执行 2 次货运任务

SpaceX 公司原计划完成 4 次 CRS 任务,但由于总体发射进度推迟,最终仅完成 2 次任务,共为 ISS 送去重约 4.7 吨物资,并带回约 3 吨重的物品。

4 月 19 日,SpaceX 公司的"猎鹰"9 - 1.1 火箭携带"龙"飞船从卡纳维拉尔角起飞,执行其第 3 次 ISS 货运补给任务,为 ISS 送去 2.4 吨物资,并带回 1.588 吨实验样品及物品。另外,在本次任务中,SpaceX 公司还对火箭一子级开展了可重复使用技术验证,实现了受控着陆。火箭一子级安装了长 7.6 米的碳纤维铝合金蜂窝结构降落支架。起飞 3 分钟内一、二级分离,随后一子级再入大气层,并在此过程中通过两次发动机重启减小火箭再入速度,最终着陆于大西洋海域,着陆前支架正常展开。

9 月 20 日,"猎鹰"9/"龙"系统执行其第 4 次 CRS 任务,在本次发射任务中为空间站送去 2.268 吨物资,并带回 1.45 吨物品。此次任务中"猎鹰"9 火箭一子级不携带着陆支架。

2. 轨道科学公司正式加入国际空间站货运行列

轨道科学公司虽按计划进行了 3 次发射,其中 1 次遭遇了重大失利,但对美国商业运输总体发展未造成重大影响。

1 月 9 日,"安塔瑞斯"120 火箭搭载"天鹅座"飞船从中大西洋地区的沃勒普斯发射场发射,首次正式执行 CRS 任务,为 ISS 送去约 1.26 吨的物资,其中包括食物、硬件和实验设备。任务原定于 2013 年 12 月 20 日发射,但先后因 ISS 冷却系统故障、极寒天气影响以及太阳辐射流等问题而多次推迟。

7 月 13 日,"安塔瑞斯"/"天鹅座"系统成功完成第 2 次 CRS 任务,为 ISS 送去约 1.5 吨的物资,其中包括食物、硬件、实验设备和 29 颗立方体卫星。

10 月 29 日,"安塔瑞斯"130 火箭发射"天鹅座"飞船执行其第 3 次 CRS 任务,由于一子级俄制 AJ - 26 发动机涡轮泵故障,火箭升空 6 秒后爆炸。本次发射是该型火箭的首次飞行。事故导致"安塔瑞斯"火箭 2015 年难以复飞,轨道科学公司将后续的 1~2 次 ISS 补给任务交由"宇宙神"5 火箭执行,同时为"安塔瑞斯"一子级订购俄制 RD-181 发动机,提前实施一子级更替计划。

"安塔瑞斯"运载火箭是在 NASA 商业轨道运输服务计划下由美国轨道科学公司研制的固液混合运载火箭,近地轨道运载能力覆盖 4.6~5.6 吨,可填补"德尔它"2 退役后美国火箭市场中等能力方面的空缺。火箭有两级和三级型两种结构,共 7 种构型。所有构型均以标准型(即"安塔瑞斯"120)为基础,一子级采用两台 AJ-26 液氧/煤油发动机,二子级采用"卡斯托"30B 发动机,使用标准 3.945 米整流罩。为提高火箭 LEO 运载能力,"安塔瑞斯"130 火箭二子级采用了改进型"卡斯托"30B 发动机(即"卡斯托"30XL)。为适应不同任务需要,轨道科学公司在 120 型的基础上增加了双组元推进级,构成 121 型和 131 型,以提供更高的入轨精度;在 130 型基础上采用了三轴稳定星 48V 固体发动机,构成 122 型和 132 型,满足地球逃逸轨道的任务需求。

AJ-26 发动机是由俄罗斯库存的 NK-33 发动机改造而来,该发动机曾用于 N-1 登月火箭。20 世纪 90 年代中,美国航空喷气发动机公司(Aerojet)购置了 43 台 NK-33 发动机,并对其中的 20 台发动机进行改造形成 AJ-26 发动机,用于轨道科学公司的"安塔瑞斯"火箭。该型发动机曾在 2011 年和 2014 年的两次试车中经历损毁:2011 年,由于发动机老化的管路造成了煤油泄漏起火;2014 年 5 月,一台 AJ-26 发动机在试验中发生了爆炸。

(三) 欧洲"阿里安"5ES 火箭发射最后一架 ATV

7 月 30 日,"阿里安"5ES 火箭于从法属圭亚那发射场成功发射欧洲第 5 架也是最后一架 ATV;8 月 12 日,ATV 与 ISS 对接为其送去 6.6 吨的物资。ATV 自重 13 吨,创下了"阿里安"系列火箭发射的有效载荷重量新纪录,也是航天飞机退役后到访 ISS 最重的航天器。

ATV 由 ESA 研制,阿斯特里姆公司是其主承包商。2008 年 3

月首飞,2012 年,ESA 宣布在 ATV 第五次任务后关闭生产线,并与 NASA 合作,利用该项目中积累的技术和经验为"猎户座"飞船研制服务舱。

"阿里安"5ES 火箭高 53 米,直径 5.4 米,采用两级结构,低温芯级采用"火神"2 氢氧发动机,芯级外侧捆绑 2 枚固体助推器,上面级采用可多次启动的"艾斯特斯"发动机,推进剂为四氧化二氮和一甲基肼。截至 2014 年 12 月 31 日,"阿里安"5ES 共完成 5 次发射,全部成功,任务有效载荷均为 ATV。

(四)日本实施小行星探测活动

除上述国际空间站任务外,12 月 3 日,日本航空航天探索局(JAXA)利用 H2A 火箭从种子岛宇宙中心成功发射了"隼鸟"2 号探测器。本次发射对研究太阳系的起源、进化过程及生命起源等具有重大科学意义,同时也是人类深空探测领域的一项重大贡献。

此前,JAXA 曾因天气原因两次宣布推迟发射"隼鸟"2 号探测器。"隼鸟"2 号原计划于 2014 年 11 月 30 日发射升空,但天气预报显示届时发射场附近上空可能出现含结冰物的云层,于是发射推迟至 12 月 1 日。此后,因天气原因发射推迟至 12 月 3 日。

"隼鸟"2 号是首枚实现小行星采样返回的"隼鸟"1 号的后继探测器,任务是 2018 年登上 C 型小行星"1999JU3",对其进行探测,采集岩石和沙子等,并携带样本物质于 2020 年末返回地球。研发及发射"隼鸟"2 号总计将耗费 289 亿日元(约合 15 亿元人民币)。

H2A 系列火箭于 2001 年首次发射,是日本的主力火箭,至今已完成 26 次发射,仅在 2003 年曾遭遇一次发射失败,成功率达 96%。

二、各国载人运载器项目研制顺利推进

(一)美国 SLS 重型火箭进入详细设计和制造阶段

随着五段式固体火箭助推器和芯级相继通过各自的关键设计

评审,2014 年 8 月,美国执行载人深空探测用的新一代重型运载火箭 SLS 项目顺利通过里程碑事件——关键决策点 C 评审,标志着 SLS 项目进入详细设计和制造阶段。

在分系统研制方面,J-2X 上面级发动机完成持续了数年的全部试验,ATK 公司成功完成了五段式助推器的热试车;芯级发动机陆续开始试验,计划 2015 年全部完成。同时,用于 SLS 重型火箭大型部件焊接组装的相关工装已陆续投入使用。

在 12 月 5 日完成探索试验(EFT-1)飞行任务后,下一步"猎户座"飞船将由 SLS 重型火箭执行两次飞行探索任务(EM)验证试验。EM-1 任务不载人,将在 2018 年使用 LEO 能力为 70 吨的 SLS 1 型火箭发射"猎户座"无人飞船进入月球轨道,验证火箭和飞船的性能。EM-2 为载人任务,将在 2021 年实施,将运送 4 名航天员到近地轨道,为最终实现在 21 世纪 30 年代实现载人火星探测做准备。

(二)美国商业载人轨道运输项目进入认证阶段

货运任务方面,2014 年 9 月,NASA 为下一轮私营航天企业在轨货运补给任务发布了征询方案(RFP),将向一家或多家美国私营航天企业授出 6 次或更多次发射合同。这些发射任务将从美国本土的发射场发射包括 2020 财年前的 CRS 任务和 2024 年前附加的发射合同。征询方案的发布旨在为美国提供整套、高质量的发射服务,同时促进美国私营航天企业全面、公开的竞争。合同将以固定金额、不确定有效载荷、不明确载荷质量的形式签订,NASA 将在 2015 年 5 月做出最终选择。

商业载人运输系统方面,2014 年 9 月,NASA 向私营企业授出商业乘员运输能力(CCtCap)合同,该阶段是商业载人运输系统总体认证的第二阶段,旨在完成 NASA 对商业载人航天运输系统的认证,使美国尽快重新获得从本土进行载人发射的能力。根据合同要求,私营公司应通过严格的认证过程,包括 5 个认证里程碑:①认证基线评审;②设计认证评审;③试飞就绪评审;④运行就绪评审;⑤认证评审。每家公司都将根据实现的认证里程碑和其他关键里程碑的情况获得资金支付。作为认证的一部分,每家公司的合同包括至少一次空间站载人验证任务,以验证完成集成的火箭和飞船系统可以发射、在轨机动、与空间站对接,并确认所有系统达到预期性能。在试飞成功完成且其系统通过 NASA 认证后,每家公司将进行至少 2 次、至多 6 次往返 ISS 的载人任务,所有这些飞行都包含在这份合同中。最终波音公司和 SpaceX 公司在竞争中胜出,分获了 42 亿和 26 亿美元的合同。波音公司的 CST-100 飞船和 SpaceX 公司的二代"龙"飞船都是额定承载 7 人的可重复使用飞船。其中 CST-100 飞船将由联合发射联盟公司(ULA)的"宇宙神"5 火箭发射。二代"龙"飞船依然由"猎鹰"9 火箭发射。目前,波音公司正在加快步伐建造 3 艘 CST-100 飞船样机,每艘都能进行 10 次轨道飞行,可满足 CCtCap 对于认证和常规乘员运输飞行的需要,首次载人验证飞行计划于 2017 年进行。

(三)俄规划草案规划重型火箭发展

8 月,俄提交《2016—2025 年联邦航天规划》草案,规划了俄重型运载火箭、新型飞船、月球基地及空间站的未来发展。着重强调开展太阳系以及包括月球、火星在内的深空科研项目;研制重型运载火箭;发射月球探测器;开发、制造用于建设月球基地的相关技术和设备等。

俄罗斯重型火箭项目将分两个阶段实施,第一阶段研制运载能力达 70~80 吨的运载火箭,第二阶段研制运载能力 130~180 吨的运载火箭。项目即将开展立项工作,并在 2020 年前启动。目前,赫鲁尼切夫国家航天科研生产中心、能源火箭航天公司及进步设计局 3 家企业参与了重型火箭项目的竞标,并向俄航天局提交了新型重型运载火箭的研制方案。预计将于 2015 年最终选出获胜方案,并着手开展下一步工作。

（四）俄罗斯"安加拉"火箭首飞

7 月 9 日，"安加拉"1.2PP 轻型火箭成功进行了亚轨道飞行，试验中仅携带模拟有效载荷。5 个月后，"安加拉"A5 大型火箭也成功进行首飞，飞行时间为 9 小时，火箭在飞行约 12 分钟后，上面级和有效载荷模型与火箭二子级分离，随后"微风"M 上面级通过 4 次点火，将质量为 2 吨的模拟有效载荷送入高度约 36000 千米的地球同步轨道。这两次飞行试验的成功为后续"安加拉"载人型和重型火箭的研制奠定了坚实基础。

"安加拉"系列火箭遵循模块化、组合化、系列化设计思想，通过不同模块组合形成 1.2、A3、A5、A7 构成的系列火箭，低地球轨道运载能力覆盖 3.8 ~ 50 吨，地球同步转移轨道运载能力覆盖 2.4 ~ 19 吨。"安加拉"A5 的发射价格为 0.95 亿 ~ 1.05 亿美元，目标是进军国际商业卫星发射市场。火箭各分系统和发动机等主要零部件全部由俄罗斯科研机构设计和制造，发射场也选择位于俄罗斯境内的普列谢茨克和东方港，该系列火箭将不再依赖位于哈萨克斯坦境内的拜科努尔发射场，确保俄罗斯独立进入空间的能力。未来，"安加拉"将逐步取代"质子"、"隆声"、"第聂伯"以及"天顶"等现役火箭，实现俄罗斯运载火箭的更新换代。

（五）日本推进 H3 火箭研制

日本 JAXA 的 H3 火箭研制项目 2014 财年获得约 70 亿日元预算，用于系统定义评审及其后续基本设计工作。预计在未来 8 年，研制费用将达到 1900 亿日元，日本三菱重工业公司为其主承包商，计划于 2020 年首飞。

H3 为两级火箭，一子级基于 LE - X 发动机，周围可捆绑 2、4 或 6 个固体火箭助推器形成不同构型，实现 GTO 运载能力覆盖 2 ~ 6.5 吨。发射成本为 50 亿 ~ 65 亿日元（约合 4400 万 ~ 5400 万美元），预期比 H2A 降低 45% ~ 50%，比 H2B 火箭降低 20% ~ 30%。该火箭将取代现役主力火箭 H2A 系列，确保日本自主发射卫星和其他有效载荷的能力,获得航天运输领域的国际竞争力。

(六)印度成功试射新型火箭瞄准载人航天探索

1月5日,印度成功发射采用国产低温上面级的 GSLV－MK2 火箭,这是该型火箭继 2010 年 4 月首次发射失败之后进行的第二次发射。GSLV－MK2 火箭的成功发射使印度成为继美国、俄罗斯、欧洲、日本和中国之外,第 6 个掌握低温推进技术的国家或地区,为采用更大低温上面级的 GSLV－MK3 研制提供了技术保证。

12月18日,印度新型 GSLV－MK3 火箭进行首次亚轨道飞行试验,飞行高度为 126 千米,最大速度为 5325 米/秒,发射方位角为120°。火箭采用两级捆绑结构,全长 43.4 米,起飞质量 630 吨,LEO运载能力 10～12 吨,GTO 运载能力 4 吨。飞行试验中,火箭上面级安装了模拟的低温发动机,并不工作。此外,此次飞行对印度载人航天飞行的乘员模块进行了再入试验,乘员舱中并没有搭载任何生物。此次飞行试验验证了 GSLV－MK3 的固体助推器、芯级及总体构型和气动特性。为印度提升运载能力,利用自主火箭执行本国卫星发射和载人航天任务奠定了基础。

三、小结分析

(一)私营公司加入 ISS 货运任务,为其提供多样化选择

NASA 致力于扭转航天飞机退役后借助其他国家轨道运输系统执行 ISS 任务的局面。随着商业轨道运输服务(COTS)计划的成功实施,美国具备了安全、可靠、低成本的商业运载器和飞船,基本实现了低地球轨道独立的商业货运能力。迄今为止,SpaceX和轨道科学公司的商业轨道运输系统"猎鹰"9/"龙","安塔瑞斯"/"天鹅座"已全面投入使用,计划在 2016 年前执行 19～20 次货运任务(截止到 2015 年 1 月 10 日,已完成 7 次),将总计 40 吨货物送往国际空间站。这种商业合作模式得到了 NASA 的认可,并且促使其推行商业航天的意志愈加强烈,进一步规划了第二轮

CRS 发射计划,为 ISS 货运任务提供了除俄罗斯"联盟"火箭外的多样化选择。

（二）利用现役火箭,打造低地球轨道载人运输能力

目前拥有载人能力的运载火箭只有俄罗斯的"联盟"FG 火箭。为摆脱对它的依赖,美国依托商业乘员开发计划发展商业载人能力。通过两阶段商业乘员开发计划(CCDev)、商业乘员运输综合能力(CCiCap)和产品认证合同(CPC),2014 年,商业乘员开发计划进入最终认证阶段,即商业乘员运输能力(CCtCap)发展阶段。波音公司和 SpaceX 公司分别获得 NASA 授予的 42 亿和 26 亿美元的商业乘员运输能力认证合同,对 CST-100 飞船和"猎鹰"9/"龙"系统进行里程碑验证,首次商业乘员演示验证飞行计划于 2017 年进行。波音公司的 CST-100 飞船和 SpaceX 公司的二代"龙"飞船都是额定承载 7 人的可重复使用飞船。其中 CST-100 飞船将由联合发射联盟公司的"宇宙神"5 火箭发射。二代"龙"飞船依然由"猎鹰"9火箭发射。

俄罗斯为确保从本土发射的能力和实现运载器的更新换代,独立研制了"安加拉"系列火箭。该火箭采取渐进式验证模式,前期通过韩国"罗老"号火箭验证了一子级液氧煤油火箭发动机,2014 年,通过 1.2PP 轻型火箭和 A5 大型火箭的首飞进行了综合验证,为后续研制"安加拉"重型和载人型铺平了道路。"安加拉"系列载人型预计将于 2020 年后开展飞行试验,将来可能替代"联盟"火箭执行载人运输任务。

（三）规划下一代火箭,推进未来载人任务及深空探测的实施

随着低地球轨道载人航天技术日臻成熟,低地球轨道以远载人航天探索活动正逐渐成为热点。各国为打造深空及载人运载能力,分别开展了下一代运载火箭的研制及规划工作。

美国集中政府资源推进 SLS 重型火箭的研制工作,预计 2015

年通过该项目的关键设计评审,2018 年实现 LEO 能力为 70 吨的火箭构型,2021 年执行首次载人任务,最终在 21 世纪 30 年代实现载人火星探测。

俄罗斯在 2013 年提出重型运载火箭发展路线图,以 2030 年为节点将重型火箭的发展规划按运载能力分成两个阶段,分别研制运载能力达 70~80 吨及 130~180 吨的运载火箭,并要求火箭采用"开放结构"以便逐步形成改进。重型运载火箭的方案有望 2015 年最终敲定。

日本在充分继承、借鉴 H2A/H2B 火箭成熟技术的基础上,正式启动 H3 火箭的研制工作,其设计可靠性要求达到 99.8%,以满足日本未来发射载人任务的需求。

印度通过两次试飞,成功掌握低温推进技术并验证了大直径常温液体芯级和大型固体助推器,有利推动了新型号的研制进程,为后续开展深空探测和载人航天任务奠定了基础。

（北京航天长征科技信息研究所）

2014 年国外载人航天器发展综述

2014 年,世界载人航天活动继续保持平稳态势。国际空间站进入全面应用阶段,各参与国围绕空间站开展载人航天活动:俄罗斯"联盟"飞船是国外目前唯一现役载人飞船;空间站货物补给则主要依靠俄、欧、日和美国两家商业公司的货运飞船。2014 年,国外成功发射 4 艘载人飞船、9 艘无人货运飞船及 1 艘执行试验任务的载人飞船:美国 4 艘商业货运飞船和 1 艘执行试验任务的载人飞船;俄罗斯 4 艘载人飞船和 4 艘货运飞船;欧洲则发射了最后一艘货运飞船。

一、各国围绕国际空间站积极开展空间活动

(一) 俄罗斯"联盟"载人飞船遭遇两次在轨故障

2014 年,"联盟"载人飞船共发生两次在轨故障,分别是"联盟"TMA – 12M 飞船的"快速交会"飞行模式中止和"联盟"TMA – 14M 飞船的一侧太阳电池翼未能正常展开。

2014 年 3 月 26 日,执行国际空间站任务的俄罗斯"联盟"TMA – 12M 飞船发生在轨故障,由于飞船定位系统出现偏差而无法执行一次关键的机动点火,导致已飞行验证多次的"快速交会"飞行模式转换为常规的两昼夜交会飞行模式,于 3 月 28 日上午进行对接。这是俄罗斯载人及货运飞船采用"快速交会"模式后的首次临时中止。

2014 年 9 月 25 日,"联盟"FG 火箭在拜科努尔发射场点火升空,将"联盟"TMA – 14M 飞船送入轨道。入轨后,飞船上所有系统

都运转正常,只有左舷太阳电池翼未能按计划展开。飞船保持单侧翼展开的飞行姿态成功执行 6 小时的"快速交会"飞行方案,于 26 日与国际空间站对接。飞船太阳电池翼展开失败发生概率很低,飞船在太阳照射期间也只能获得标称电力的一半,不足以为飞船所有系统供电,只能依靠飞船上的备用电池弥补电力短缺,这被认为是可以接受的。对接后,乘员重新检查了卡住的太阳电池翼,太阳电池翼已完全展开,调查显示由于对接时产生的震动致使其打开。

(二)俄罗斯"进步"货运飞船稳定运行,开展科学试验

1. "进步"M-21M 飞船测试新交会系统

2014 年 4 月 23 日,已与国际空间站对接 145 天的"进步"M-21M 货运飞船同空间站分离,开始两天的自由飞行,以便对新"航向"-NA(Kurs-NA)交会系统进行测试。飞船于当天晚些时候进行第二次离站机动,先驶离空间站 400 千米,又执行一连串点火提高轨道位置。24 日,飞船再次机动以降低轨道、接近空间站。25 日,飞船启动了自动交会对接程序,对接前 100 分钟,"航向"-NA 系统启动,空间站上的对应系统也被通电。接收到相关导航数据后,飞船开始执行后续的对接点火。在距离空间站 15 千米处,飞船对"航向"-NA 系统进行检测,以确保系统提供的数据有效。站上航天员随时准备切换为手动操控。在距离空间站 400 米处,飞船开始绕飞机动,并与"星辰"号服务舱对接口对准。在 200 米处,飞船启动位置保持,再次对系统进行检查,随后飞船保持"航向"-NA 系统引导的自动对接模式,与空间站二次对接成功。

经过测试和飞行试验,"航向"-NA 系统日后将作为"进步"和"联盟"飞船的主要交会系统。

2. "进步"M-22M~24M 飞船开展科学试验

"进步"M-22M 和 M-23M 飞船在执行完货运任务与空间站脱离后都进行了包括"雷达—进步"在内的一系列试验。"雷达—

进步"是一项地球物理学试验,从 2010 年到 2014 年已在"进步"号任务中进行过多次,主要评估航天器周围由发动机点火导致的电离层环境的密度、大小和反射率。由此产生的等离子体变形会在航天器周围扩散数千米远,持续超 10 分钟。飞船经过地面站上空时向下传输相关数据和甚高频信号及其失真参数。

"进步"M-24M 货运飞船与国际空间站脱离后独立飞行了 20 多天,目的是进行"反射"科学试验。此前,"进步"M-61、M-65、M-04M 和 M-05M 货运飞船曾进行过这项试验。该试验研究光信号通过的可能性,以便借助于不同太阳角度下的摄像机研究地球大气形态变化。

(三)欧洲发射最后一艘"自动转移飞行器"

2014 年 7 月 29 日,"阿里安"5 ES 火箭从法属圭亚那库鲁发射场点火升空,成功将欧洲航天局(ESA)的第五艘、也是最后一艘"自动转移飞行器"(ATV-5)送入目标初始轨道,执行国际空间站货运补给任务,开启 ATV 系列的谢幕之旅。此次任务中,飞船共向国际空间站运送超过 6.5 吨食物、水、衣物、备用硬件和科学材料,而飞船自重达 13 吨,ESA 称满载的 ATV-5 飞船是"阿里安"5 火箭投入使用以来发射过的最重的有效载荷,也是 2011 年美国航天飞机退役后最重的国际空间站到访航天器。任务预计持续到 2015 年 2 月。

在欧洲航天史上,ATV 计划的持续时间、所分配的资源和技术复杂程度都无可匹敌。建造和运行 ATV 得到的经验、教训已衍生出数量庞大的专有技术。ATV 技术可用于诸如控制空间碎片或服务其他在轨航天器等自动化任务;还可发展为自由飞行的无人实验室乃至太空拖船,携带数吨补给品到达月球或火星轨道。

(四)美国有意将空间站寿命延至 2024 年

2014 年初,奥巴马政府批准将国际空间站现有的运行期限延长至少 4 年。2014 年 9 月,美国国家航空航天局(NASA)总监察长办公室（OIG）发布延寿审计报告，研究了国际空间站延寿到2024 年面临的主要挑战。11 月，国际空间站实现在低地球轨道连续运行 16 年，标志着载人航天史上又一重大成就。尽管延寿一事还有待国内外各方进一步决定，但 NASA 和白宫表示对此持乐观态度。

（五）技术试验成为国际空间站应用重点

2014 年 4 月，"激光通信光学有效载荷"（OPALS）安装到站上，至今已进行过多次试验，NASA 工程师和科学家已确认激光通信将彻底变革人类未来与天基系统通信的方式，证明天对地激光通信具有实用性。11 月，NASA 在国际空间站运用 3D 打印技术成功打印出印有"NASA/太空制造"字样的面板，这是 NASA 首次实现太空3D 打印。太空制造股份有限公司和 NASA 共同设计、制造并调试了这台 3D 打印机。该项目的发展意味着国际空间站未来将可能实现自己打印需要更换的零部件。

二、商业载人航天喜忧参半

（一）轨道科学公司"天鹅座"飞船成功执行首次正式合同任务

2014 年 1 月 9 日，执行美国轨道科学公司首次"商业补给服务"（CRS）合同任务（Orb-1）的"安塔瑞斯"120 火箭从美国弗吉尼亚州中大西洋地区航天发射中心点火升空，成功将"天鹅座"货运飞船送入初始目标轨道。随后，飞船用自身推力器提升轨道，1 月 12 日与国际空间站交会，在站上航天员的控制下被"加拿大臂"2 捕获，停靠至"和谐"号节点舱。在轨停靠 37 天后，飞船于 2 月 18 日离站，次日再入大气层烧毁。

此次任务规划已久。根据与 NASA 签订的"商业补给服务"合同，轨道科学公司要在 2016 年前向国际空间站发射 8 艘专用"天鹅座"飞船（Orb-1~8），共运送约 20 吨货物，合同价值 19 亿美元。

此次任务的成功具有里程碑式的意义,不仅是轨道科学公司首次正式的"商业补给服务"合同任务,也使该公司成为继 SpaceX 之后第二家向国际空间站发射常规货运飞船的商业公司,填补了此前两家公司之间的进度差距。

2014 年 7 月至 8 月,轨道科学公司又成功执行了"天鹅座"第二次"商业补给服务"合同任务。

(二)轨道科学公司"安塔瑞斯"火箭发射后爆炸

2014 年 10 月 28 日,轨道科学公司执行第三次"商业补给服务"合同任务(Orb - 3)的"安塔瑞斯"130 火箭,从中大西洋地区航天发射中心(MARS)点火发射。但火箭在升空后 6 秒爆炸,落回发射台时又引起了二次爆炸,火箭及其运载的"天鹅座"飞船随即损毁。这既是"安塔瑞斯"130 火箭首次发射失败,也是"天鹅座"任务的首次失败。

发射前倒计时操作非常顺利,火箭和飞船一切正常。升空后运载火箭尾段就出现烟雾和火焰,仅数秒后爆炸,形成巨大的火球,随后开始落回地面。火箭坠落到 0A 发射台的设施上,第一级的液体推进剂迅速引燃了上面级的固体燃料,燃烧持续了数分钟。

轨道科学公司 11 月 5 日称,当前调查重点集中于第一级的两台 AJ - 26 发动机。已有证据强有力表明,其中一台发动机的涡轮泵失效,被认为是火箭爆炸的主因。

在事故根本原因调查清楚并解决之前,"安塔瑞斯"火箭不会再发射。轨道科学公司本打算在 2017 年更换"安塔瑞斯"火箭上的 AJ - 26 发动机,现在计划提前;本应再进行五次发射运送包含在合同中的其余货物,现在将设法仅用四次发射完成,进度相当紧张。

12 月,轨道科学公司与联合发射联盟公司签订合同,将在 2015 年第四季度用一枚"宇宙神"5 火箭从卡纳维拉尔角发射下一次"天鹅座"飞船货运任务(Orb - 4),如有需要将在 2016 年购买第二枚火箭。"宇宙神"5 火箭能让"天鹅座"飞船多运 35% 货物。与此同时，轨道科学公司加速"安塔瑞斯"火箭主推进系统升级工作，已确认购买 60 台同样由俄罗斯制造的 RD－181 发动机用以替换 AJ－26 发动机，首批新发动机预计于 2015 年中运抵"安塔瑞斯"装配工厂，开始火箭总装和测试，并在 2016 年第一、第二和第四季度用升级后的"安塔瑞斯"火箭发射余下三次"天鹅座"飞船货运任务（Orb－5、6、7）。

（三）SpaceX 公司"龙"飞船成功执行两次正式合同任务

2014 年，SpaceX 公司的两艘"龙"飞船先后在 4 月和 9 月成功发射，执行第三和第四次"商业补给服务"合同任务（SpX－3 和 SpX－4）。SpX－3 任务发射之前，SpaceX 已连续 13 个月没有发射"龙"飞船，在很大程度上已超出 SpaceX 的控制范围。SpX－3 原本有望于 2013 年 12 月发射，先后为避让轨道科学公司"天鹅座"飞船第一次合同任务和美国国家侦察局秘密发射任务推至 2014 年 4 月。任务中，"龙"飞船在启动自身推进系统时遭遇故障，飞船上一个隔离阀没有响应，使一部分推力器无法自动启用。SpaceX 任务控制人员迅速解决了问题，对交会进度没有影响。

（四）波音和 SpaceX 公司获 NASA 商业载人发射合同

NASA 于 2014 年 9 月 16 日向 SpaceX 和波音两家公司授出"商业乘员运输能力"（CCtCap）合同，共同为其执行未来的国际空间站载人运输任务。如果一切按计划进行，将减少或彻底终结 NASA 对俄罗斯载人发射服务的依赖。首次载人验证飞行任务将于 2017 年进行。目前尚不清楚国会是否会拨出足够款项资助这两种航天器的研制，或 NASA 在将来某一时刻是否会被迫只选择一家供应商。但博尔登局长有信心国会将为这两家公司在 2017 年首飞提供必要资助。来自美国国内各方的最初反应都是积极的。

"商业乘员运输能力"合同旨在完成 NASA 对商业载人空间运

输系统的认证,作用等同于认证货物补给任务的"商业轨道运输服务"(COTS)合同。获选公司 SpaceX 和波音将分摊价值 68 亿美元的固定价格合同:SpaceX 将获 26 亿美元,波音公司将获 42 亿美元,分别建造载人型号"龙"飞船和"乘员空间运输"-100(CST-100)飞船,都是额定承载 7 人的重复使用航天器,都将从 NASA 肯尼迪航天中心发射。

作为认证过程的一部分,每家公司的合同包括至少一次空间站载人验证任务,以验证完全集成的火箭和航天器系统可以发射、在轨机动、与空间站对接,并确认所有系统达到预期性能。每次验证飞行乘组都将至少包括一名 NASA 航天员。试飞计划成功完成且其系统通过 NASA 认证后,每家公司将进行至少 2 次、可能多至 6 次往返空间站的载人任务,以上全部飞行都包含在这份合同中,将来任何除此以外的飞行会签订后续合同。

(五) 商业载人航天前景良好

1. 第二轮国际空间站货运合同启动

NASA 在 2014 年 5 月发布了"商业轨道运输服务"最终报告,将该计划视为"绝对成功"和未来公私协作关系的典范。相较于 NASA 以往采用的成本加成合同(如 120 亿美元的"猎户座"飞船合同),COTS 仅 8 亿美元的投资具有前所未有的实效,造就了"两种新的美国中型运载火箭和两艘自动货运飞船"。

2014 年 9 月,NASA 宣布面向私人企业为国际空间站下一轮货运任务征询方案。NASA 有意在第二轮"商业补给服务"(CRS)中向一家或多家公司授出合同,每份合同包含 6 次或以上飞行任务,在 2020 财年之前为 NASA 提供国际空间站后勤和研究类货物补给,可能会根据国际空间站延寿情况扩展到 2024 年。此轮征询面向有能力验证安全、可靠发射和交会能力的公司,而不局限于首轮获选的 SpaceX 和轨道科学公司,目的是鼓励完全、开放的竞争,提供最完备的服务体系。该合同将在首轮"商业补给服务"合同完结

之后继续,仍将是固定价格的不定期交付/非确定数量合同。NASA
预计在 2015 年 5 月做出选择。

2. 商业空间站有望成真

据比格罗宇航公司高级代表称,"比格罗扩展活动舱"(BEAM)
预计于 2015 年由 SpaceX 公司的货运"龙"飞船发射,抵站后由"加
拿大臂"2 安装在"宁静"号节点舱的尾向对接口上,以充分检验充
气式扩展居住舱技术。NASA 为此次演示验证向比格罗公司支付
了 1780 万美元,该舱段将至少在轨两年。比格罗公司志在建造
全由充气式舱段组成的商业空间站,可用作院校研究人员、太空
旅客和其他非航天国家航天员的根据地。波音公司已与其建立
合作伙伴关系,波音公司高层曾表示 CST - 100 飞船可支持比格
罗公司的计划。

3. 从低地球轨道拓展到深空

2014 年初,NASA 向美国私人企业征集不设资金的建议书,以
协作发展新的商业航天合作伙伴关系——"商业空间能力协作"
(CCSC)倡议。在此之前与商业航天有关的合作倡议还包括:"月
球货物运输与软着陆方式降落"(即"月球催化剂")倡议,旨在征
集商业机器人月球着陆器能力建议书;"小行星重定向任务"广
泛机构公告,旨在征集与载人小行星探索计划相关的研究建议
书。NASA 已将载人航天的商业化领域从低地球轨道拓展到
深空。

三、积极推进新型载人航天器系统发展

(一) 美国新型载人飞船"猎户座"首飞成功

NASA 新型载人飞船"猎户座"(Orion)多用途乘员飞行器
(MPCV)的首次无人探索飞行试验(EFT - 1)任务于 2014 年 12 月 5
日由"德尔它"4 重型运载火箭从美国卡纳维拉尔角空军基地发射。
任务持续 4.5 小时,飞船乘员舱绕地球轨道飞行两周,总航程超

96600 千米,第二周远地点升至约 5800 千米,随后以约 8900 米/秒的速度高能再入,溅落于太平洋上后打捞回收。任务设计本质上近似于 1967 年用于验证"阿波罗"飞船飞行控制系统和模拟月球任务返回再入时热防护效果的"阿波罗"–4 任务。NASA 对此次试飞的评价为"近乎完美"。

"猎户座"外形类似于"阿波罗"飞船,技术性能有大幅提高(表 1),其分系统和元件采用许多创新技术。"猎户座"飞船由乘员舱、服务舱和发射紧急中止系统构成;此次任务因不需要服务舱,所以并未安装可使用的服务舱,用质量模拟件替代,也未安装太阳电池翼。飞船具有独特的生命保障、推进、热防护和电子系统,结合其他组成部分能实现更长时间的深空任务。

表 1 "猎户座"飞船主要参数

项目	参数
乘组人数	4
速度总变化量	1338 米/秒
起飞总质量	35385 千克
入轨质量	26520 千克
发射紧急中止系统	
质量属性	
干质量/推进剂	5044 千克
起飞总质量	7643 千克
乘员舱	
加压容积(总)	19.56 立方米
可居住容积	8.95 立方米
反作用控制系统真空发动机推力	712 牛/台
返回有效载荷	100 千克
质量属性	
干质量/推进剂	10159 千克

（续）

项目	参数
氧气/氮气/水	60 千克
推进剂	168 千克
着陆质量	9099 千克
起飞总质量	10387 千克
服务舱	
质量属性	
干质量	6185 千克
起飞总质量	15461 千克
"猎户座"至火箭级转接器	
质量属性	
抛离的整流罩	1383 千克
飞船转接器	510 千克

从第一批回传的数据看,基本实现任务目标,飞船系统性能良好。NASA 和主承包商洛克希德·马丁公司为此次试验飞行任务制定了以下目标:①成功发射并将飞船送入目标初始轨道。②演示验证上升和离轨过程中关键的分离事件:服务舱整流罩分离;发射紧急中止系统抛离;乘员舱/服务舱分离;前隔舱盖抛离。③演示验证高能再入过程中热防护系统的性能。④演示验证下降、着陆和回收作业。此次试飞收集的数据将在 2015 年 4 月关键设计评审前分析完成。

（二）俄罗斯新型载人飞船 PTK NP 投入研制

俄罗斯新型载人飞船 PTK NP 计划用于低地球轨道和月球任务,于 2010 年完成初步设计。2013 年,俄联邦航天局正式批准飞船研制。俄联邦航天局在其新 10 年航天规划中为 PTK NP 计划申请了资金,2014 年草案为其申请的总预算为 607 亿卢布(2014 年底约合 10 亿美元)。截至 2014 年,研制人员倾向于给飞船加装一个 70

吨的两级太空拖船,第一级能把飞船从地球轨道推到月球,第二级用于进入月球轨道。飞船将依靠自身推进系统离开月球轨道和返回地球。

PTK NP 计划主承包商能源火箭航天集团已制定研制计划,将生产几台模型和试验样机以分别试验飞船各组件,并开始装备生产线,还将建造一台包含所有船载系统的整船全尺寸研制模型样机,可用于进行人体工程学研究,测试乘员在任务各阶段中的反应。

根据 2014 年公布的新飞行计划,2021—2023 年,PTK NP 将在低地球轨道进行 3 次无人任务;2024 年进行首次载人任务,目的地为国际空间站,这几次任务都以 LKI – 1(第一阶段飞行和设计试验)命名,用"安加拉"A5 火箭的载人型号发射,"天顶"火箭、"安加拉"A3 或"联盟"5 火箭都可作为备选。但俄乌关系破裂以后不得不放弃希望最大的"天顶"火箭。与此同时,20 吨的"月球任务"型飞船首次载人发射推迟到 2025 年。此次任务将开启 PTK NP 飞行试验的第二阶段 LKI – 2。但考虑到超重型运载火箭在 2030 年前后才可投入使用,飞船不太可能飞到地球轨道以远。

(三)印度发射无人乘员舱执行亚轨道试飞任务

在空间探测领域取得一连串成功之后,印度空间研究组织(IS-RO)认为现在是加快推进载人航天计划的好时机,期望成为第四个独立实施载人航天任务的国家。2014 年 2 月,印度空间研究组织宣布将自主建造载人飞船"轨道飞行器"(OV),并公布了首个乘员舱样机,计划利用"地球同步卫星运载火箭 – MK3"(GSLV – MK3)火箭发射载有 2~3 名航天员的乘员舱进入低地球轨道执行为期 7 天的任务。

2014 年 12 月 18 日,"轨道飞行器"的"乘员舱大气层再入试验"(CARE)样机由 GSLV – MK3 火箭成功发射,并进行无人亚轨道试飞,任务结束后乘员舱样机溅落在孟加拉湾安达曼群岛附近海域。

　　此次试验任务由乘员舱结构模型执行,用以测试乘员舱的基本系统,包括结构框架、航电设备零件、防热罩和降落伞系统。样机直径3.1米,长2.68米,质量为3735千克,安装在不工作的上面级上,与火箭通过标准有效载荷转接器接合。乘员舱由金属核心结构组成,覆以复合材料侧板。乘员舱内部装有基本的飞行控制系统,包括惯性姿态确定平台和加速度计。此外,还安装了超过200个敏感器、数据记录仪和基本姿态控制系统,包括4个肼贮箱和6台推力器,用于在外大气层滑行阶段提供控制。任务总时长约19分钟。运载火箭升空6分25秒时刻,在约126千米高度船箭分离,乘员舱即采用主动控制,消除自身所有角速度,进入稳定姿态,随后以5.3千米/秒的速度弹道式再入大气层。

四、载人航天政策、规划和评估

（一）美国持续投入载人航天,确保全球领先地位

1. NASA 2015 财年预算名降实增,载人探索分得最大一份羹

　　2014年3月,NASA 2015财年预算申请发布,基线预算总数额为174.606亿美元。除此之外,联邦政府整体预算中还包括一项追加预算,称为"机遇、增长和安全保障倡议"(OGSI),分配给NASA的部分为8.855亿美元。因此NASA 2015财年基线预算和追加预算两部分相加远高于以往财年的年度拨款。"探索"与"空间运行"预算项同属NASA载人探索任务运行部,两部分预算申请合计83.32亿美元,约占总数的45%。

　　首先,支持奥巴马政府关于国际空间站延寿的决定,使空间站的研究设施得以充分利用。其次,与美国商业航天企业合作,尽快结束对国外载人发射商的依赖。同时,为继续研制可用于未来载人深空探索任务的新系统提供资金。在当前受限的财政环境中依然资助高优先级行星科学任务,包括多项以火星探索为最终目的的任务。OGSI为上述计划都额外提供了资金。

2014 年 12 月,美国联邦政府综合拨款法案颁布,根据法案条款,NASA 2015 财年的总经费为 180.1 亿美元,比预算申请多 5.5 亿美元,比已批准的 2014 财年预算多 3.64 亿美元。多项重大探索和科学计划经费都有大幅增长,其中,航天发射系统将获约 17 亿美元,"猎户座"飞船将获约 12 亿美元。

由 NASA 下一财年预算申请和综合拨款法案可以看出,美国依然将载人航天长远发展作为国家发展战略的关键组成部分,在财政上持续投入,扩大载人航天活动规模,发展创新性乃至颠覆性的技术。

2. 美国国家科学研究委员会发布载人空间探索领域研究报告

美国国家科学研究委员会(NRC)于 2014 年 6 月发布了一份载人空间探索领域研究报告《探索途径:美国载人空间探索计划的理由与方法》(下称《探索途径》报告)。该项研究由美国国会责成进行,报告用很大篇幅回答了"为什么要发展载人航天"和"下一步应该如何发展"的问题,分章节论述了研究分析和成果综述、载人航天的理论基础和价值主张、公众和利益相关方的意见调查,及对不同探索途径的技术分析和评估,并附有大量支撑材料。

NRC 发现,NASA 当前由预算驱动、基于能力的策略无法实现火星探索,需要用一种由过渡目的地向前引导的策略取而代之,即遵循有条理的"途径"方式,包含以特定顺序执行过渡目的地任务。这一方式的成功需要目标一致的坚定承诺、按通货膨胀率增加的预算及包含中国在内的广泛国际合作。

3. 现已开启新一轮的低地球轨道以远载人探索活动

(1) 火星始终是美国可预见的载人空间探索的最终目标。

NASA 载人航天的核心思想是"火星首位",即无论实施什么任务,都要对载人火星任务有价值。目前美国制定了以载人登陆火星为最终目标的战略规划并稳步实施,NASA 希望最终在 21 世纪 30 年代中期用"猎户座"飞船结合使用深空居住舱、空间推进级等实现载人环火星轨道飞行,之后开展载人登陆火星任务。

2014 年 4 月,载人登火(H2M)峰会在美国华盛顿开幕,近 500 名科学家共商载人登陆火星的相关问题。《探索途径》报告也将载人登陆火星称为美国载人空间探索的"地平线目标"。6 月,众议院批准 2014 财年《NASA 授权法案》,重申了美国国会对空间探索的承诺,并确认载人火星探索是 NASA 的首要目标。

(2)载人小行星探索成为可选途径但备受质疑。

NASA 内部咨询机构和外部独立研究机构都纷纷表达了对 NASA 目前所坚持的小行星重定向任务(ARM)的意见。

NASA 咨询委员会(NAC)现任主席、行星科学家史蒂夫·斯奎尔斯建议 NASA 应慎重对待载人小行星任务,就研究小行星而言可能不如无人任务划算。小天体评估工作组(SBAG)在 2014 年 7 月召开第 11 届会议,会上专家称 ARM 最终会摧毁 NASA 行星科学部。NRC 专家组也表达了对小行星探索途径的不看好,得出了"ARM 会将美国载人探索途径引向'死胡同'"的结论,并认为重返月球的价值更高、对载人登火的最终目标贡献更大。

除此以外,国会也对小行星任务成见颇深。就目前形势而言,小行星任务前景堪忧,若要继续推进,得到国内学术界尤其是立法机构的认可必不可少。

(二)俄罗斯欲重塑大国形象,现实受多方制约

2014 年底,俄联邦航天局向政府提交了《2016—2025 年联邦航天规划》草案,计划注资约 2.436 万亿卢布(约合 525 亿美元),比《2006—2015 年联邦航天规划》的投资金额高两倍。其中,国家预算提供 2.117 万亿卢布,剩下的 3190 万卢布将从预算外引入。在 2016—2025 年间,计划完成的任务包括:建成"东方"发射场、研制机器人航天员、建造新型载人飞船并试飞等。

虽然俄罗斯制定了一系列目标明确、规划清晰的长期发展战略,但在具体执行上还存在不确定性。当前,面临国内航天故障频

发、经济受限等多个因素,长远发展可能会受到一定影响。

（三）欧洲和日本主要借助国际合作开展后续活动

早在 2012 年,ESA 就宣布有意在 ATV - 5 任务后关闭 ATV 生产线。2013 年,ESA 与 NASA 共同决定正式就"猎户座"飞船展开合作研制,由 ESA 为"猎户座"设计和建造服务舱,仍将是 ESA 对空间站合作伙伴关系的实物出资偿付方式。此举为 ESA 和 NASA 在载人航天领域的合作开启了新局面,使欧洲航天工业可以继承利用 ATV 的技术,极大精简 NASA 的研发和生产成本。同时,这个项目将在欧洲创造大量高技术就业机会,用"猎户座"发射欧洲航天员也是欧洲航天界乐见的事。

2014 年 12 月,日本公布新《宇宙基本计划》,规定包括国际空间站计划在内的载人航天活动需要提高效费比,对于是否参与空间站延寿计划及参与形式将充分考虑其他国家动向,其他载人探索活动将主要以国家合作形式开展。

五、结语

国际空间站作为目前规模最大的在轨载人航天器寿命临近终止,按照 2014 年的新形势,其运行期限有望延至 2024 年,各参与国依计划进行乘员轮换和货物补给。美国在新载人飞船研制和商业载人航天方面都取得重大进展;俄罗斯正稳步实施新空间运输系统和基础设施发展规划;印度迈出独立实施载人航天任务的第一步。美俄对于载人航天的投入都有所增加,日本和欧洲则继续持慎重态度。

（北京空间科技信息研究所）

2014 年国外航天员系统发展综述

2014 年,国际空间站 4 批长期考察团,共计 18 人参与完成驻留任务,在站开展了百余项科学研究并成功完成 7 次出舱活动。全年,NASA 人体研究计划联合国家航天生物医学研究所共遴选出 38 项提案,以研究航天员在未来执行深空探索任务时的健康与绩效。同时,各类地面模拟试验也顺利实施。

一、航天员训练及飞行任务圆满完成

(一)国际空间站第 38 ~ 41 长期考察团成员成功完成飞行任务

2014 年间,国际空间站第 38、39、40、41 长期考察团成员顺利完成为期半年的空间站驻留任务,分别于 3 月 10 日、5 月 14 日、9 月 10 日及 11 月 10 日成功返回。在空间站驻留期间,航天员们开展了百余项科学研究及站内维护工作,并成功完成 7 次出舱活动。

其中,第 40 长期考察团成员史蒂芬·斯旺森、亚历山大·斯克沃尔佐夫和奥列格·阿尔捷米耶夫在 7 月创下一周进行 82 小时研究的记录,他们参与了以地球遥感、人的行为与绩效、骨骼和肌肉生理等方面的多项研究。而第 40 长期考察团驻留期间的主要研究之一——长期空间飞行中人的健康管理,则与 NASA 和俄罗斯准备 2015 年派两名乘员在轨驻留 1 年进行的研究相同。

国际空间站首位日本籍指令长、国际空间站第 38/39 考察团成员若田光一在担任指令长的 2 个月里,带领航天员们很好地完成了空间站应用和科学实验等任务,并负责发射微小卫星,提升了外界对日本航天员的评价。此次逗留太空时间达 188 天,是日本航天员单次飞行中最长的一次,自此若田光一航天飞行的总天数达到 348 天。

11 月 24 日,国际空间站第 42/43 长期考察团的 3 名航天员搭乘"联盟"TMA－15M 前往空间站。至此,国际空间站仍保持 6 名航天员在站从事研究和维护工作。

(二) 俄、欧两名女航天员首次参加航天飞行

2014 年 9 月 25 日,国际空间站第 41/42 长期考察团搭乘"联盟"TMA－14M 飞船从哈萨克斯坦拜科努尔航天发射场发射升空,三名乘员中除指令长俄罗斯航天员亚历山大·萨莫库佳耶夫和飞行工程师美国航天员巴里·威尔莫尔外,还有 17 年来俄罗斯首次参加飞行的女航天员叶莲娜·谢罗娃,在飞行期间谢罗娃还进行了出舱活动。在谢罗娃之前,俄罗斯共有 16 名女性对太空飞行做过准备,但因为各种原因并没有全部实现飞行。目前在航天员大队还有一名女预备航天员,她的名字叫安娜·基金娜。另一位参与空间站飞行任务的女航天员是萨曼莎·克里斯托弗雷蒂,她不仅是意大利第一位女航天员,同时也是欧洲航天局第一位访问国际空间站的女航天员,这也是她的首次太空飞行。

(三) 各国航天员开展形式多样的训练

每年除国际空间站考察团成员需要进行系统的飞前训练外,其他航天员也要开设形式多样的训练课程。

2014 年 3 月,美国及国外的 6 名航天员参加了领导力反应(LRC)和警卫战士综合训练(VWTC)两门课程的学习,该课程原是空军指挥学院设置的一系列障碍挑战任务,但是学院给 NASA 设置的 LRC 课程与其他学员的截然不同,航天员的训练标准更高,技能更宽泛,这是应 NASA 的要求而设计的。该训练要求航天员在有限的时间内,在一定的规则下完成特定障碍目标。课程结合了一系列生理和心理的挑战,来检验航天员是否达到核心领导力的训练要

求。为了使情况更具有挑战性,一些训练还禁止他们相互交流,并通过设置一些错误选择和数据进行干扰,不断地检验他们在高压环境下的操作能力。

8 月,俄罗斯航天局协调空军、东部军区防空部队及太平洋舰队首次开展了航天员海上搜救联合训练,包括飞船海上着陆后的联合搜救、航天员撤离返回舱以及乘组在伞降和返回舱落入海面情况下的系列逃生训练。9 月,俄航天局航天员训练小组完成了对贝加尔湖及其周边地区自然和人造物体的目视和仪器的观测飞行训练,训练在 Ty-134-ЛK 实验飞机上进行。本次训练的突出特点是俄罗斯科学院西伯利亚分院地理研究所科学家的参与,科学家们关注的是对自然和人文景观观测的必要性。与科学家们商议后,及时调整教学训练的飞行线路,使航天员们能观察到最有趣和最有意义的贝加尔湖地区景观。

2014 年 9 月,欧洲航天局在意大利撒丁岛地下洞穴进行了为期6 天的洞穴训练,参加训练的包括美、俄、欧的 5 名航天员。任务中,航天员徒步穿越了多个未知区域,包括岩石、地下河等,到达地下200 米处,完成了收集科学数据、测量二氧化碳水平、绘制洞穴地图、测试设备等任务。本次任务主要是模仿国际空间站的相关程序,测试执行任务的新方法。

(四)俄罗斯 7 名预备航天员获得"航天员—试验员"资格

2014 年 6 月 5—6 日,俄罗斯 8 名预备航天员接受了评定受训水平的国家考试,其中 6 名被授予了"航天员—试验员"资格。

这 8 名候选人是在 2012 年俄罗斯首次开展的公开选拔活动中入选的,并完成了为期约一年半的基础航天培训。基础培训包括:载人航天器舱内各系统和设备的技术培训、完成在轨科学应用性研究和试验的培训、舱外活动培训、在各种气候地理区域的极端环境下着陆后的行动培训,生物医学培训,飞行及跳伞培训,体能训练及人文科学培训。此次受训水平考试包括以下科目："联盟"TMA 载人飞船的结构、布局及各系统(还包括关于飞船运动及导航系统的问题);国际空间站俄罗斯舱段的结构、布局及各系统;航天飞行中在轨试验和科学研究。

6 月 16 日在加加林中心召开了部际资格鉴定委员会会议,讨论审议了 8 名预备航天员参加基础航天培训及受训水平国家考试的情况。会后,资格鉴定委员会主席、副主席尤里·隆恰科夫和亚历山大·卡列里向以下 6 名预备航天员授予了"航天员—试验员"资格证书:奥列格·布利诺夫、彼得·杜布罗夫、谢尔盖·科尔萨科夫、德米特里·佩捷林、安德烈·费嘉耶夫、尼古拉·丘布。而伊格纳特·伊格纳托夫和安娜·基金娜未被授予"航天员—试验员"资格。2015 年 1 月,安娜·基金娜获得"航天员—试验员"资格。

(五) 韩国首位航天员李素妍退役

2014 年 6 月,韩国首位也是韩国唯一一名女航天员李素妍宣布退役,此举引发韩国社会的广泛议论。

2000 年 12 月,韩国科学技术部与俄罗斯共同设立了航天员培养计划,2006 年 4 月,韩国发布招募航天员公告后,韩国高等科学技术研究院研究员李素妍从 3.6 万多名竞争者中脱颖而出,与另一名候选人高山同时入选韩国首批预备航天员。2007 年 3 月,李素妍和高山赴俄罗斯加加林航天员训练中心进行为期 15 个月的训练,后因高山被取消航天员资格,李素妍成为韩国唯一一名航天员。2008 年 4 月 8 日,当时 30 岁的李素妍搭乘"联盟"飞船随同国际空间站第 17 长期考察团(2 名俄罗斯航天员)升空,并于 19 日飞回地面,在轨 10 天,为韩国航空航天研究所进行了 18 项太空科学实验。

二、NASA 人体研究计划持续推进

NASA 人体研究计划(HRP)的目标是确保航天员可以安全地在地球以外生存,并完成充满挑战的航天任务,保持他们的长期健

康。该计划提供空间探索期间,降低乘组健康和绩效风险的知识和技术,并研发航天飞行期间航天员经受问题的潜在对抗措施。任务计划者和系统开发者可以使用这些潜在的对抗措施监测和消除乘组健康和绩效风险。

(一)联合国家航天生物医学研究所共同遴选研究提案

2014 年,NASA 的人体研究计划(HRP)联合国家航天生物医学研究所(NSBRI)共遴选出 38 项提案,并在未来 1~4 年内为其提供 3270 万美元的资金支持,用于开展空间辐射研究,以及研究航天员在未来执行深空探索任务时的健康和绩效。

空间辐射研究主要由 NASA 空间辐射实验室来完成。研究人员将利用高能光束和重离子来模拟空间辐射,并采用新的实验方法来研究空间辐射对癌症以及人的心脏、循环系统和长期认知功能所带来的影响。

乘员健康与绩效方面的提案将研究空间环境对航天员健康多方面的影响,包括视觉损伤、行为健康、骨丢失、心血管病变、人的因素与绩效、神经行为和心理因素、感觉运动的适应与发展及其在先进的医疗系统与技术上的应用。这些类似的研究也可以引领促进对地球上人体健康的理解,并改善患者的治疗。

此外,NASA 还宣布了同卵双胞胎航天员的研究方案。2015 年 3 月,NASA 航天员斯科特·凯利将执行一年期空间站驻守任务,而其双胞胎兄弟将留在地面,作为对照样本以便研究人员完成一系列医学研究。NASA 人体研究计划关于双胞胎医学研究计划的 10 个研究方案,涉及双胞胎的遗传学、生物化学、视力、认知以及其他方面。

(二)空间辐射研究获得重要数据

1. 向 OLTARIS 添加月球中子环境基线模型

OLTARIS 是一个基于 Web 的空间辐射设计和分析工具,它可用于评估空间辐射对各种航天器的作用和了解与人与电子元件有关任务的影响。为准确定量地描述月球表面的辐射强度，NASA 对 OLTARIS 已经进行了更新，内容包括计算在月面活动或在月面驻留期间辐射的暴露能力。新的功能利用核物理和空间辐射传送代码的改善，精确地计算二次和背散射反照中子。

2. 公布载人火星任务辐射风险

确定载人火星任务中所遇到的总空间辐射暴露值是一个具有重要意义的挑战。2013 年，研究人员使用了新的 NASA 空间癌症风险（NSCR）模型来评估火星和其他太空探索任务的辐射风险和不确定性。其结果首次评价了火星任务中癌症和循环系统疾病的综合风险，论述了减少风险的手段，其中包括考虑到太阳活动周期、个人的敏感性和生物对策。癌症风险曾被认为是银河宇宙射线（GCR）的主要风险，但是最近在辐射循环系统疾病流行病学风险分析中，认为在预测太空任务的癌风险时，要加入辐射暴露所导致循环系统疾病乃至死亡风险。

3. NSBRI 完成急性辐射研究

美国国家空间生物医学研究所（NSBRI）中心承担了急性辐射研究（CARR）的任务，目标是评估 SPE 的急性效应。CARR 研究人员的主要研究是量化与 SPE 辐射暴露有关的风险，以及开发和测试防止 - 治疗急性辐射综合症的对策。研究人员采用多模型系统识别疾病预后和进展的生物标记物，了解潜在的损伤机制，并评估预防和减轻风险的可能生物对策。

（三）乘员健康防护措施研究完成多项数据采集和分析工作

1. 建议飞行中用最大摄氧量实验来评估乘员的健康状态

长期飞行引起的生理学变化类似于废弃或停止锻炼所引起的改变，其中一个变化是有氧健康或调节能力下降。在国际空间站上，为了维持乘员的有氧代谢能力，航天员每天要进行约 1 小时的身体锻炼。HRP 的研究者第一次直接测量了 14 名航天员长期飞行期间的 VO2max。飞行 2 周后,航天员有氧代谢能力平均下降了17%,之后缓慢增加或保持不变。飞行后初期,仍然平均下降15%。30 天后,航天员的最大摄氧量完全恢复。根据研究结果提出以下建议:尽早进行锻炼,增加运动强度,改进测试方法。

2. 完成长期飞行乘员心血管研究数据的收集工作

飞行中的研究课题"长期飞行中和飞行后心脏萎缩和舒张功能失调:其后果是引起立位和运动能力下降,心律失常的风险增加"也被称为心血管综合(ICV),此研究完成了国际空间站长期考察团所有受试者实验和数据的收集工作。ICV 是第一个全面地观察太空飞行对心脏结构和功能影响的研究,也是了解这些变化对心脏节律风险影响的研究。

ICV 的数据分析正在进行中,初步结果表明,航天引起的心肌萎缩与任务期间航天员完成的运动量有关。那些飞行中运动量相当于或高于飞行前的航天员,心脏质量不减少,甚至增加。这些航天员飞行中和飞行后的心律异常也没有增加。

3. 开展国际空间站乘员视觉健康研究

"视觉缺陷和颅内压(VIIP)综合症"是目前 NASA 首要的载人航天风险。微重力暴露可以使航天员的近距视敏度恶化、眼球结构改变,并在某些情况下使航天员返回地球时出现颅内压(ICP)增高。

为了更好地了解 VIIP 综合症出现的时机和对危险因素的贡献,补充了眼健康实验,对每名 ISS 乘员都进行了医学检测。这项研究的重要意义在于:可确定出现体征和症状的时间进程;帮助科学家了解失重持续时间与症状严重程度之间的关系;确定飞行前的基线特征;确定飞行中改变的性质;记录飞行前后的变化;记录飞行后恢复到基线的时程;确定长期变化对乘员健康的影响。这些研究获得的数据,对于预防 VIIP 综合征及其并发症对策的制定和治疗具有指导意义。

4. 国际空间站跑台运动研究证明快跑的好处

跑步锻炼是航天员保持肌肉、骨量和心血管健康锻炼对策的重要组成部分。从 2000 年第 1 长期考察团进驻国际空间站后,ISS 乘组人员就开始使用跑台进行锻炼。为了保证航天员在跑步时的舒适性,加载在挽具上的负载相当于航天员体重的 63%。在 0g 和 1g 环境下运动时,航天员的关节运动,即跑步的步态模式,是非常一致的。

研究数据表明由于太空跑台运动时,加在挽具上的负载低于航天员的体重,所以在给定速度下运动时,其典型足力小于正常重力下相同运动时的足力。但是,随着运动速度的加快,足力也增加,更重要的是太空快跑运动时的地面反作用力类似于地球上行走时的地面反作用力。航天员在太空可以比在地球上跑得更快,这项研究表明在未来的运动项目中,采用快跑的方式会带来更多的好处。

5. 提高感觉运动适应对策的发展

如果航天员在长期微重力飞行后,着陆到一个有重力的星球上,会出现平衡和步态障碍的感觉,这些干扰可能会破坏航天员完成关键任务的能力。为了降低这种风险,NSBRI 研究人员开发出一种综合感觉运动能力(SA)的训练计划,以便航天员能够迅速地从微重力环境调整到部分或全重力环境。这项研究的目的是制定训练计划来提高脑对新重力环境的适应,已经研发了一个独特的训练系统,它是将跑台安装在一个运动的基座上,当人在跑台上行走时,可引起跑台支撑面的运动。受试者同时在不同支持面和视觉场景下运动,可改善他们的适应能力,同时体验到挑战性和冲突性感觉信息。

该研究小组证明,适应不和谐感官环境行走,对运动的稳定性、反应时间以及代谢值都有明显的作用。这些结果表明,SA 训练可以改善航天引起的平衡紊乱。

6. 研究表明储备铁的增加与氧化损伤和骨质流失有关

营养补充医疗任务的研究表明,飞行过程中储备铁的增加与氧化损伤和骨丢失有关,飞行期间储备铁越多,飞行后观察到的骨丢失越严重。此项研究结果表明铁的储备增加可能会出现问题,从研究中也可以看到其影响小于铁中毒水平。但还需要进一步研究长期飞行任务时,航天员体内铁代谢的改变,以及如何将这些变化与太空旅行的其他健康问题(包括辐射,患癌风险,以及免疫功能低下)联系起来。铁对健康的影响与航天食品系统关系十分密切,过高含铁的食品可能引起或促成明显的健康问题。

(四)开发新技术提高探索任务医学能力

1. 诊断和治疗航天中肾结石新技术

由于飞行中的微重力环境和航天员无法获得充分的水供应,增加了患肾结石的风险。NSBRI 的研究者们研发了一种以超声为基础的装置,采用高强度聚焦超声技术,将人体内肾结石的体积控制在安全范围内。此设备可提供给飞行中和地球上非医生患者使用,将有助于解决一些与肾结石有关的治疗难题。由于航天中可用资源的缺乏,治疗航天肾结石患者的能力受到限制。打算将这项新技术应用到在轨的诊断和治疗系统中,非医师乘员将可以利用它来诊断和治疗肾结石。

2. 骨量评估和骨折愈合的新 SCAN 扫描技术

参加长期太空飞行的航天员因骨强度降低和骨结构改变,更容易出现骨折。骨丧失的早期检查和治疗,对于防止骨折是非常重要的。NSBRI 研究者开发了一种被称为共聚焦扫描声学导航(SCAN)的新技术,该技术已经在测量骨骼结构和强度及指导有效治疗方面显示出其潜力,它也有可能加快骨折的愈合。此研究已确定超声参数与骨密度和骨物理性质之间的关系,例如,骨硬度和弹性模量之间的关系。

(五)空间人因工程及适居性研究提出更高要求

1. 深入了解信息传输延迟时操作员的作业绩效

对遥操作来说,信息传输延迟的影响是值得注意的,甚至几百毫秒数量级的小延迟,也会引起操作者采取被称为"移动并等待"的行为。至于更长的延迟,将需要依赖非交互式自动化系统的监控来实现。NASA 艾姆斯研究中心进行了三次实验,使用虚拟遥控机器人研究延迟对手动绩效的影响,将其作为任务难度的函数。

研究结果表明完成动作的复杂性和延迟时间可影响工作绩效和准确性,研究结果还发现了一些在今后研究中可以采用的操作行为。进一步的研究需要确定如何将研究中获得的新知识应用到改进现有的技术和减少遥操作中通信延迟的影响。

2. 设计航天环境下人—系统接口

在太空中,航天员工作在相对安静的微重力环境里。不过,在航天员进入太空和从太空返回的旅途中,会受到强烈振动和超重,这些条件可能会限制乘组人员成功地完成他们的工作。NSBRI 进行了一项研究,观察高振动和重力变化对航海和飞行控制任务中人绩效的影响。研究结果表明受试者在完成一项通过前庭—眼反射起作用的任务,在同时受到持久的重力和振动负荷作用的情况下,对于感觉运动控制的限制因素来说,前庭—眼反射将不是限值因素。该研究小组发现振动和重力负荷增加,可以明显增加系统的物理性错误,同时重力负荷和振动的增加可以改变自主神经系统的功能,这相当于增加工作量,可影响操作任务的绩效。

上述发现填补的知识空白,促进了感觉性能模型的研发和改进了接口设计的指导方针,这些模型和指导方针最终会降低任务风险和提高安全性。

3. 提出新一代的航天微生物要求

为了减少微生物污染和防止飞行任务期间乘员出现感染性疾病,研究小组对飞行前和飞行中的微生物进行监测,证实了飞船设计和操作流程中对微生物要求的有效性。为了完善当前和未来的微生物要求,研究小组召开 3 次讨论会,会议主要讨论航天过程中的微生物污染问题,特别是饮用水、舱内空气、座舱表面、航天食品的微生物污染。例如,所有的讨论会都提出应该进一步发展微生物的分析和处理技术,进行飞行中微生物监测,尤其远离近地轨道飞行任务的微生物监测。

4. 提供可减轻航天器载荷的代餐食品

研究人员已经研发了代餐棒和饮料等航天食品,以满足早餐和午餐饭菜的营养素需求。此外,研究人员发现了营养丰富的商业食品或开发新的配方,定期更换一些低营养的汤和甜品。实施了增加储存时间的试验,其平均的稳定范围是 48～96 个星期。代餐棒的保持期是 48～72 周,而饮料和营养丰富的替代品稳定期是 96 周。此外,目前的食品系统每天要供应每名航天员 500 毫升水。高营养膳食替代品的水含量很低,其中的水不能再循环使用,可能会影响水的总储备。

5. 扩展适合应急行动的营养与原型供给系统

在穿加压服期间,需要提供足够的营养来保持航天员的体力和认知,以便执行重要的任务。该应急方案要求通过头盔进食口将营养品安全地传递给航天员,这时头盔内外的压力差可达 27.58 千帕。为了实现这个方案,研究人员开发和分析了两个营养输送样机,以适合头盔进食接口和有效地克服压力差。一个是"袋中袋"样机,目的是平衡压力服与饮料袋之间的压力,使航天员能正常喝饮料,成功地将水传递到穿着压力服的被试者口中。第二个"蛇约束袋"样机,它使用机械杠杆作用来克服压力差,此样机还没有进行充分试验。未来加压服的头盔上将有一个进食口,可以通过它将营养品传送给航天员,以维持紧急情况下航天员的需求。

(六) 行为健康与绩效研究全面展开

1. 加强 ISS 任务飞行控制者夜班工作的疲劳管理

在最近的行为健康与绩效(BHP)研究中,Brigham 女子医院和哈佛医学中心的研究人员对减少飞行控制人员疲劳的可行性、可接受性和有效性进行了评估,研究的重点是评价在飞行控制人员值夜班时,安排 2 次 20 分钟的休息时间,在配备蓝色光照和健身器材实验休息室里休息方案的可行性。此外,研究人员还比较了值夜班的控制人员在使用和不使用实验休息室情况下警觉性和飞行控制能力的差别。该实验的被试者是 12 名控制人员,他们要值两次 4~7 天的夜班,一次使用实验休息室(实验条件),另一次不使用实验休息室(对照条件)。

初步结果显示,采用这种抗疲劳对策对于帮助控制人员保持他们轮班工作时的警觉性是有效的,BHP 的研究人员将告知值夜班的任务操作者改善警觉性、绩效和保证夜班安全的方法。

2. 通过优化照明改善 ISS 长期飞行航天员的绩效

在执行国际空间站任务期间,睡眠不足是严重的危险因素。为了减少这种风险,NSBRI 的研究人员已证明,飞船中普通低照水平的富集蓝色荧光灯可以作为一种对抗措施,调节每日睡眠—觉醒周期,或昼夜节律。这些研究提供了视觉灵敏度、褪黑激素分泌、警觉性、神经行为反应和睡眠参数等实验数据,还提供了国际空间站白光灯调节昼夜节律的数据。此外,该研究结果表明暗淡、长波、相关色温是 2300 绝对温标的多色照明,可损害人对一种颜色转变为另一种颜色的分辨能力,或颜色的分辨力。

舱载照明系统要满足两个目的:维持日常的昼夜节律,同时为乘员提供维持视力的照明。这项研究的结果将为选定最佳光照波长提供建议,它可作为一种改变长期飞行中生物节律和睡眠模式的对策。此外,该项研究能改善航天服面罩、航天器和栖息地窗口的设计,并为执行长期太空探索任务的航天员和地面控制人员提供理想的照明。

3. 提供增强的行为跟踪和反馈软件工具

在过去的 4 年里,时域性能和 BHP 研究及任务操作人员合作,设计了一个被称为行为跟踪软件系统的软件工具。这个多用途的软件工具可以改进实时的人行为编码,用于跟踪不同环境下的行为。该工具可以为早期发现和减少 BHP 风险提供帮助,特别是为行为、人际关系和社会心理的风险提供帮助,并将自动化过程反馈给用户和定价者。在整个 BHP 计划中,通过评估和现场试验来确定和完善软件工具。这些试验结果使软件能够满足研究和操作要求。这个研究和操作组与开发人员之间的密切合作,使行为跟踪软件系统顺利地应用到 NASA 的操作环境。

研究结果表明这种研究、操作和外部研究者共同协作进行研究有很多好处,该软件工具已应用于最新的航天员选拔,包括可以评价候选人的行为能力和生成量身定制的总结报告。

三、各类地面模拟试验顺利开展

(一) FARU 卧床研究

FARU 是一个专门进行卧床研究的设施,该设施可以通过调节卧床的倾角,模拟不同重力场对人体的作用。通过调整卧床的位置和其他可变因素,FARU 团队可以收集实验数据和研发对抗措施,以减少低重力对未来参加长期太空探索任务乘员的影响。

可利用卧床实验室进行多项课题研究,其中包括长期低重力环境对肌肉骨骼和心理的影响。FARU 采用统一的操作条件,以确保所有研究和方案实验条件的一致性。此外,还可以将个别研究组合到整体研究中,最大限度地利用参与者和设施资源(表1)。

表1 2013—2014 年在 FARU 上进行的研究

研究课题	受试人数	2013 年完成人数	2014 年完成人数
与飞行后功能性行为能力改变有关的生理因素:卧床实验模拟研究(FTT)	24	12	8
整体的、阻抗和有氧训练研究——卧床实验(iRATS)	24	12	8
补充睾丸素作为一种防止太空探索骨骼肌肉丧失的措施	24	12	8

（续）

研究课题	受试人数	2013 年完成人数	2014 年完成人数
嗅觉、品种多样化和食品的可选择性对食欲和饱足感的影响	16	9	5
用卧床作为模拟航天的一种方法研究神经认知功能的改变：变化程度、持续时间和神经基础	16	5	11
通过对卧床模拟交互作用记录的分析，自动检测被试者的状态和态度	15	6	9
整合、阻抗和有氧训练研究——配有液体耦合器的卧床	8	—	8
FAP 标准措施	—	12	收集所有长期被试者

（二）载人探索研究模拟舱任务

2014 年 2 月,NASA 进行了载人探索研究模拟舱(HERA)的隔离和限制研究。HERA 是一个用于航天模拟的陆基、全尺寸栖息地模拟舱。这是 NASA 约翰逊航天中心在此舱内进行的首项任务。在此项研究中,研究人员对 4 名挤在 148 立方米 HERA 内的乘组成员进行了行为健康、人因及对抗措施实验,从而确定限制隔离是如何影响共同居住、团队工作、团队凝聚力、情绪、行为及整体健康的。在为期 7 天的任务中,他们在一个狭窄的处所工作和生活,那里配有四个铺位,一个工作区、一个卫生区,还有一个气闸室。受试者被安排进行一些操作任务,包括一般的内务整理、维护与系统任务、教育和宣传活动、每日计划会议、家庭及医疗会晤。受试者还实施了涉及生物学、地质学与机器人技术的有效载荷目标实验,参加了在轨训练,食用与国际空间站相同的航天食品,以及进行锻炼。

研究人员记录他们的心率、间距、动作、声音强度、亲近程度以及讨论过程,然后通过分析他们的语言来研究其健康、相互影响和对压力的反应。研究人员还使用光学电脑识别器进行情绪研究,分析乘员在摄像机前完成任务时的面部表情。同语言一样,特殊的面部表情也能显示不同的态度、情绪,甚至是疲劳程度。

研究人员还通过乘员唾液来寻找特殊的生物标记,用以确定团队绩效及合作是否与某种特殊的激素水平相关,这种激素水平的变化会由类似工作日延长、各种工作负荷、交流延迟、含糊程序及设备故障等因素引发,这些诱因是任务设定的,以使他们与真正进行探测飞行任务的乘员有同样的压力波动。

在成功完成第一期的一周实验任务后,计划实施 14 天的研究任务。最终将进行长达 30 天的研究任务,目的是达到人体研究计划的目标,为保证飞行乘员健康和安全提供产品和对策。

(三) 火星任务地面模拟试验

2014 年 10 月,由 NASA 人的绩效研究基金会组织的火星任务地面模拟试验(HI – SEAS)在美国夏威夷开展,任务期为 8 个月,这是仅次于 Mars500 任务时长的地面模拟试验。

此次模拟试验为乘员提供了非常逼真的长期飞行任务环境,6 名乘员均由 NASA 人的绩效研究基金会选拔,包括指令长玛莎·耶尼奥,玛莎是机械工程学博士,曾负责 NASA 的户外领导能力课程,她成为模拟实验任务的首名女指令长。乘员生物学家尼尔·斯盖贝尔哈特、工业工程预博士乔斯林·邓恩、NASA 飞行安全处航空航天工程师艾伦·米尔卡迪罗夫、刚刚大学毕业的学生索菲·米拉姆以及有着丰富模拟试验经验的老乘员赞卡·威尔逊。在模拟舱的 8 个月中,乘组将通过行为监控、体能追踪、电子测量以及其他方法来实现研究目标,包括社会和情感因素对团队绩效的影响。

(四) 水下极端环境试验

2014 年,NASA 开展了两次水下极端环境试验任务,即 NEEMO – 18 和 NEEMO – 19。

NASA 第 18 次极端环境任务(NEEMO – 18)于 2014 年 7 月 29

日开始,为期 9 天,此次任务关注的重点是 NASA 人体研究项目中有关行为健康与绩效、乘员健康防护、人的因素与适居性的研究。这些研究有助于进一步了解乘员在孤独、压抑、偏僻、昼夜节律紊乱、交流延迟和工作负荷过大的情况下,诸如团队的凝聚力和乘员执行任务的能力等情况。

NEEMO-18 出舱活动评估了从小行星到月球和火星重力场下的执行探索任务所需的工具和技术。这些工具、技巧和技术将有助于未来执行国际空间站任务和长期探索任务的航天员。此外,还对利用蓝牙技术监测乘员心率进行了评估,分析的成果将有助于未来更新空间站上现有的心率监测设备。

9 月 8 日,NASA 又进行了为期 7 天的第 19 次极端环境任务(NEEMO-19)。此次任务旨在测试可穿戴式计算机和对乘员的远程监控。同时测试欧航局开发的智能手机、平板电脑和屏幕眼镜集成设备"mobiPV"的原型,测试成功后将由安德烈亚斯于明年执行国际空间站任务时带入太空。

四、生命保障技术发展新型技术和概念

(一)俄罗斯第五代新型舱外服整装待发

俄第五代"海鹰"MKC 航天服由"星星"公司研制生产,其工作压力为 400 千帕,重量为 110 千克,可连续使用 7 小时,可提供热量 300 千卡/小时,最大 600 千卡/小时,出舱次数可达到 15~20 次。其主要优点是:

(1)具有温度自动调节系统。该系统可以根据航天员的工作量进行温度调节,使航天员不用花时间手动调整工作温度状态;

(2)将航天服的橡胶材料替换成了聚铵脂,这样可以延长航天服的使用寿命;

(3)更新了航天服控制器上的显示装置,使航天员能够清楚地看到上面显示的数据信息;

（4）航天服出舱前准备工作自动化。

早期,航天服的构造只能允许航天员在太空中连续工作 6 小时,之后对航天服做出了改进,航天员能够在舱外连续工作 7 小时左右。据称,2015 年秋天第五代"海鹰"MKC 航天服将运抵国际空间站。

（二）NASA 公布新型航天服 Z－2 设计

2014 年 4 月,NASA 公布了三款全新的航天服设计概念图,并进行了大众票选,最终 Z－2"科技款"航天服胜出,它获得 23 万多张选票,占总票数的 63%。目前,此款航天服已完成最终版本的设计和样机制造,并开始进行模拟测试。测试包括在中性浮力水槽中验证其密封性能,以及在模拟火星岩石环境下验证其操控情况,这将有助于评估该航天服的灵活性、舒适性和作业能力。到 2017 年,Z－2 航天服将在国际空间站上进行测试。Z－2 航天服具备可在火星、月球以及小行星上行走的能力,这 3 个探索目标是 NASA 未来深空探测的主要方向。

Z－2 航天服最大的特点是背部的生命保障系统与头盔相连接。它还采用了仿生技术,如果天体表面环境较为昏暗,就可以进行照明。Z－2 是 NASA 具有里程碑意义的航天服:第一次在全真空中检测用于在特定的行星探测的航天服;在开发和调整阶段都是首次使用 3D 打印技术;在航天服的上下躯干系统上应用先进的抗腐蚀复合材料;首次结合航天服气闸舱概念采用航天服的硬上躯干结构;迄今为止打造的最适体的、可调节的硬上躯干航天服。

（三）美国生物航天服概念研究取得新进展

2014 年美国麻省理工学院研制的生物航天服取得了一定进展。这款航天服配备了弹簧一样的线圈,当线圈加热时,能压缩航天服完成热响应并紧贴航天员的皮肤,提高航天员活动的自由度,如同他们的"第二层皮肤"。这款航天服将大大改进目前航天服笨重的问题。此款航天服由一种"镍钛记忆合金"(SMA)材料打造,这种材料在被加热时可以收缩,在室温下线圈可像回形针一样被拉伸或弯曲。形状记忆合金自动收紧后提供模拟地球大气的压力环境,以满足航天员在真空环境中生存。此款航天服最大的优点是合身、轻巧,非常适合于星际探索。

这款航天服面临着一个重要问题:如何让航天服一直保持紧身,目前麻省理工学院研究人员正在尝试解决这些问题。

(四)开发探索任务氧气再生与尿液回收新技术

对于长期载人航天飞行任务而言,在航天器环境中,需要尽可能多地对有限资源进行回收并再生。为了满足这一需求,NASA 正计划研制轻便、安全、高效并可靠的回收与再生系统,以便更好地为未来的载人探索任务服务。2014 年,NASA 选择了 4 家合作伙伴,研发革命性的创新技术,具有高可靠性并可以将载人航天器的氧气再生率增加至少 75%。

进行研究的组织机构和研究内容包括:

(1)NASA 格伦研究中心:使用离子交换薄膜电解技术从二氧化碳再生氧气;固体氧化物联合电解剂与碳形成反应器系统相结合,进行航天器生命保障氧气再生。

(2)UMPQUA 研究公司:连续的 Bosch 反应器。

(3)德克萨斯大学:通过二氧化碳电解进行氧气再生的微流体电子化学反应器。

此项研究将作为 NASA 在 2014 年"空间技术研究、发展、验证及引进"计划优先发展的技术之一。此外,研究人员还致力于研发出一种将航天员的尿液转化成能源和饮用水的新技术。该技术通过一种称之为"正渗透"的污水处理方法,将所收集的尿液、淋浴废水中的污染物与尿素(尿的主要成分)和水分离,然后利用新的尿素电化学生物反应器系统(UBE)将尿素转化为氨,接着将氨转化为燃料电池。目前,该系统还在概念研究阶段。

(五)利用 VEGGIE 和 Gravi-2 开展植物培育研究

2014 年 4 月,"龙"飞船将 NASA 研发的名为 VEGGIE 的蔬菜生产系统和 ESA 的 Gravi－2 扁豆实验箱运送到国际空间站,开始进一步的植物培育研究。

VEGGIE 是迄今为止国际空间站上最大的植物种植实验设施,此项研究将为延长航天员驻留时间提供支持,还将用于研究植物对重力的感知和回应,改善地球上的植物生长并提高产量。VEGGIE 类似于一个小温室,装置里配有 LED 照明和埋好生菜种子的土壤包,为作物提供光照和营养,空间站提供温控和二氧化碳。

VEGGIE 可用来种植快速生长的蔬菜以及生长期在 28 天左右的作物。它的另一大优点是为在轨航天员提供最大限度的心理支持。VEGGIE 研究将持续数年,未来有可能生产出供航天员食用的新鲜蔬菜以改善航天员的食欲和营养。

Gravi－2 研究目标是的观察扁豆幼苗在不同重力水平下所呈现出增长的差异性,从而判断植物对重力的敏感性。为此,768 颗扁豆种子将在空间站离心机里以不同速度旋转 30 小时,随后观察幼苗生长情况。Gravi－2 实验的另一重点是研究植物生长过程中钙的作用,这项实验将有助于人们早日实现火星种植,同时提高人们对扁豆的认识。

五、结语

载人深空探索生命保障能力,先进生命保障技术及乘员长期健康保障技术已成为 NASA 在 2014 年"空间技术研究、发展、验证及引进"计划优先发展的技术。这两类技术的发展,将助力载人航天走得更长更远。

(中国航天员科研训练中心)

2014 年国外载人航天发射场发展综述

2014 年,国外载人航天发射场的建设仍然主要集中在美国的肯尼迪航天中心(KSC)的适应性改造和俄罗斯"东方"航天发射场。

一、美国肯尼迪航天中心继续推进适应性改造

2014 年,KSC 地面设施设备适应性改造主要涉及垂直总装厂房组装操作流程、主要地面设施设备适应性改造的完善以及防护措施的实施与分析研究。

(一) 垂直总装厂房组装操作流程方案基本成型

目前,KSC 垂直总装厂房(VAB)的组装操作流程顺序主要定型如下:

(1) 通过履带运输车(CT)将活动发射平台(ML)送入 VAB 的 3 号高跨间。

(2) 由 ATK 公司研制的助推器段从旋转、处理与喘振厂房(RPSF)运抵 VAB 的转运通道,吊车将其起吊并送至 3 号高跨间,然后安装在 ML 的 0 - 0 平台上。助推器段的运送先从左侧段开始,每次只运送一个并安装在 ML 上。

(3) SLS 火箭的主芯级完成在米楚德组装设施(MAF)的建造和斯坦尼斯航天中心(SSC)的测试后,通过驳船运抵 KSC,并采用新研制的自行式模块化平板运输车将主芯级与 4 个 RS - 25 发动机从掉头区运至 VAB 的转运通道。在转运通道完成检查后,随即将其起吊并降落至两个助推器之间的位置,然后与 ML 和助推器对接安装。

(4) 将运载火箭级间适配器(LVSA)从转运通道起吊并安装在主芯级上,以便进行"猎户座"飞船及其推进级的安装。此组装操作过程主要由 NASA 的航天器与有效载荷组装办公室(SPIO)负责实施,并统称为"航天器与有效载荷组装单元"(ISPE)操作流程,而LVSA 则是 ISPE 中首先组装的部件(在其顶部安装了一个分离面,以划分一子级与二子级)。

(5) 过渡低温推进级(ICPS)在操作与检测厂房(O&C)内的多功能处理设施(MPPF)上完成离线处理和准备工作后,被运送至VAB。在转运通道将 ICPS 起吊并送至 3 号高跨间,并安装在 LVSA上。经过验证后的 LVSA 组件和主芯级对接法兰应达到平整度和洁净度要求,并进行电气接地,然后再安装到主芯级上。

(6) "猎户座"飞船或其他任一有效载荷在完成 MPPF 内的处理与准备工作后,运至 VAB 的转运通道。先将其与芯级适配器对接,然后再起吊运至 3 号高跨间进行组装。芯级适配器(MSA)还作为"猎户座"飞船服务舱(SM)发动机喷嘴出口面与推进级液氢储箱前端之间的隔离装置。

(7) 由 ATK 研制的发射中止系统(LAS)将安装在飞船上部。

(8) 在完成火箭与飞船的全部组装后,将开展一次综合测试,然后进行 ML 与火箭之间的脐带连接装置的安装。

(9) 在将火箭/飞船组合体驶出 VAB 并运送至发射台之前,还要实施一次包含飞船系统检查在内的综合测试与检测,以确保 SLS与"猎户座"飞船在倒计时程序与发射过程中的彼此通信畅通。

(10) 最后,VAB 内的巨大工作平台将收回,以便使 CT 载着ML、火箭与飞船组合体驶向发射台。

(11) 火箭与飞船组合体在发射台就位后,随即会展开一系列的系统检测,其中在进行发射倒计时模拟之前的一个关键程序称为"最后倒计时验证测试"(TCDT)。

(12) 与航天飞机发射不同之处,是火箭与飞船组合体在发射台完成一系列的系统检测后再驶回 VAB,进行火工品的安装以及最后检测,因为对于 SLS 火箭,这项操作不允许在发射台进行。

(13)火箭/飞船组合体再次驶向发射台表明将进入发射程序,在运抵发射台后,就开始自燃燃料的加注并进入倒计时程序操作。

(二)主要地面设施设备适应性改造的完善

1. 垂直总装厂房

对 175 吨吊车室内已使用 45 年的远程控制系统、缆线进行升级改造,提高其可靠性、精确性和安全性。吊车横行小车的内外轮采用了新型轴承;清除吊车及其驾驶操作室上的镀铅漆和石棉;根据职业安全与健康行政管理要求进行人行道和爬梯的改造。2015年 3 月完成 175 吨吊车的全部升级改造与安装工程。后续将对 2 台250 吨吊车进行升级改造。

2. 发射控制室

KSC 控制中心内的 4 号发射控制室(FR4,亦称点火间)的适应性改造方案将其内部划分成 4 个独立的操作隔间,由约 8.3 米高的墙体分隔而成。在 4 个操作隔间之间还设有互连门,以便某一用户需要更多空间时使用,而单一用户也可将 4 个操作隔间互联一并使用。改造后的 FR4 每个操作隔间的设施设备均可按某一用户的特殊要求进行配置,用户也可自行携带操作系统和设施设备。新设计方案操作使用非常灵活,能够为不同的用户提供操作周期为 1 天、1周、1 月或 1 年的服务。

除了 FR4 的适应性改造,FR1(亦称扬·克里平发射控制室)的改造工程基本已完成,改造后的控制室突出简洁实用性,其操作人员则比航天飞机项目减少一半;FR3 将为"猎户座"飞船飞行软硬件配置"用户电子设备与控制系统研发与分析模拟器"(CAIDA),主要用于飞船的测试与研制;对于 FR2,目前正就其如何为用户的测试、培训、发射以及射后评估等需求提供更加灵活的服务而展开相应研究,而其部分操作控制台则拆除后安装在 FR4 内。

3. 履带运输车

来自 NASA、承包商、KSC 和 ARC 的工程师和技术人员于 1 月下旬完成了 2 号履带运输车(CT－2)A、C 牵引部分的滚子轴承测试与评估。首先,对滚子轴承泵、阀及线路进行外观检查,确保润滑油注入装置能够正确地工作,为新滚子部件提供所需的油量;其次,通过新安装的热电偶对滚子部件的温度进行监测与记录,并采用手提式红外线湿度监测仪对滚子部件表面温度进行采集,以此为新滚子部件设定基本操作温度;同时,对显示故障迹象的任一系统振动或噪声进行细致的监测。NASA/KSC 希望通过一系列的测试,能够为满载状态下的履带运输车设定一个恒定操作预警与停车限值。

CT－2 的全部升级改造工作将于 2016 年初完成,届时,CT－2 的负载能力可以从原来的 5443.2 吨提升至 8164.8 吨。

4. NASA 总部大楼

2014 年 10 月,NASA 的新总部大楼破土动工。这幢大楼以"太空"为主题,建筑面积 20 万平方英尺,共 7 层,拥有最先进的办公场地,可容纳来自 NASA 和承包商的 500 名员工。大楼中的办公室照明将全部采用节能 LED 灯,大楼外部采用反光屋顶材料,停车区设有两个电动汽车充电站,绿化将采用无需大量浇水的当地植物。

该大楼建成后将成为 KSC 新中心区的核心,并将大幅降低 KSC 在合并与拆除老化设施时的操作成本,同时推动 KSC 的环保进程。

5. "飞马"驳船

NASA 与陆军海洋设计中心签订了一份 8500 万美元的改造合同,进行原航天飞机外贮箱运输的"飞马"驳船的改造。承包商康拉德造船厂拟将驳船的长度从 79.25 米增扩至 94.49 米,此外还将对该船展开必要的维护与修整,以确保该船满足美国船运标准,如:载重线认证或船只在航行中能安全地保持浮力的法定装载限值认证。"飞马"驳船的改造工程将于 2015 年初完成,并实施一次试航行。

（三）地面设施设备防护措施的实施与分析研究

1. 防腐涂层材料

地面系统研发与操作项目组（GSDO）与环境管理处环境风险减缓技术评估（TEERM）于 2014 年 4 月开始，根据 2013 年 3 月和 8 月前二个阶段的测试结果开展第三阶段测试，主要是淘汰前期所用的转换涂层，而将拟测试的涂层材料直接喷涂在铝制构件上，该步骤亦称为"一步直接喷涂于金属"法。拟选用的涂层材料通过了附着力测试。在 CTL 的耐盐雾性测试仍在进行中，而在海岸空气测试设施（BARF）的防腐测试则于秋季完成。

若"一步直接喷涂于金属"的方法能够满足技术性能要求，将会大幅降低操作、使用与维护成本。NASA 的其他研究中心、美国空军、相关政府机构以及欧空局均可共用拟选用涂层材料的全部测试结果。

2. 气象防护策略

首先，GSDO 对位于原航天飞机着陆设施东北面、占地 14985 平方米的 50 兆赫多普勒雷达风廓线仪设备进行更换，新安装的风廓线仪设备由偶极子相控阵组成。在一个八角形的天线场区内，这些偶极子相控阵安装在遍布整个场区的支杆上，距地面数米高。此外，还有一个装载着风廓线仪系统电子设备的拖车。由于采用新型电子设备和新的偶极子配置模式，风廓线仪系统能够为发射任务提供更高的灵活性和可靠性，并可降低干扰。因其各种部件的可获取性高，该系统易于维护。

此外，NASA 根据气象专家针对各类设备如何遭受极端气候的影响、近年来的气候变化以及未来如何应对等问题的分析研究，成立了气候适应性科学调查员（CASI）工作小组，由其下属各中心的设施设备项目经理、危机管理人员、自然资源项目经理和人力资本专家与地球科学家们共同商讨气候风险和应变能力的管理问题。

NASA 的 5 个中心还分别成立了由气候科学家、任务操作人员、人力资源经理、生态系统专家组成的专题研究小组。通过 CASI 科学家与各中心共同研究得出的气候变化预测,分析潜在的风险并制定相应的应对策略。目前正在开展和规划中的气候对应策略主要包括:进行海滩的填沙护滩,以减少海平面提升和风暴波浪的影响;应用新型建筑设计,以便在极端天气情况下减少对远程供电资源的依赖;景观工程的改造,即在干旱区域减少用水,而湿润区域采集雨水以减少洪水的发生。NASA 通过这种科学 – 研究型合作方式,进行地区性、国家性和全球性的气象信息共享,以使气候变化对其各类设施设备的影响降低到最小程度。

二、俄罗斯"东方"航天发射场建设取得阶段性进展

始于 2012 年 5 月建造的俄罗斯"东方"航天发射场,在 2014 年随着"联盟"火箭发射台的混凝土结构完工且为后续发射硬件安装打下基础,其施工进度进入关键阶段的一年。但由于其所在的远东地区在 2013 年 8 月份遭受了该国 120 年来最严重的洪灾、2014 年 4 月在斯沃博德内出现的火灾、施工人员的缺乏以及冬季极低温度等因素,导致"东方"航天发射场原本缓慢的施工进度更加滞后。可以说,目前"东方"航天发射场所面临的问题不仅有客观因素,也有主观因素。但通过普京等领导人的几次视察及项目负责人的更换,目前的整个施工进度取得了一定的进展。

(一)发射场地面设施的建造

1. "联盟"火箭发射工位

"东方"航天发射场新建的"联盟"火箭发射工位适用于现有"联盟"2 火箭所有型号的发射任务,预计将于 2015 年 7 月完工。

12 月 25 日,"联盟"火箭发射工位的混凝土结构已完工,比原计划延迟了半年左右。已有 35 个与发射台相配套的设施进行了内

部硬件配置,另有 40 个点位在 12 月底开始进行硬件的安装。

2. "安加拉"火箭发射工位

按照俄航天局(FSA)的发展目标,"安加拉"火箭的发射任务主要在普列谢茨克和斯沃博德内两个发射场实施。由于 2011 年俄政府决定放弃"罗斯"M 火箭的研发之后,航天局保留了原用于"罗斯"M 火箭的发射工位,转用于"安加拉"火箭的发射,并且其发射台的建造列入"东方"航天发射场的第二阶段,但在 2013 年 1 月,俄副总理德米特里·罗戈津说,"东方"航天发射场发射将 2015 年起开始承担轻型"安加拉"火箭的发射任务。

除了承担载人发射任务外,"安加拉"发射工位可作为普列谢茨克发射场实施地球同步轨道任务的补充发射场,甚至可取而代之。

2013 年 4 月,FSA 要求政府尽快向"安加拉"发射工位的工程注入资金,以便于 2015 年开始建造,避免在"联盟"火箭发射工位建成后出现施工人员的解散。有关卫星资料显示,2013 年上半年,在"东方"航天发射场确实开始了一些相关的发射工位初期工作,并完成了前期勘察。

2013 年 12 月,FSA 发布有关"安加拉"发射工位建造的招标文件,并将该阶段的工程代号定为 SK - Vostok - A,主要开展研发工作,是完成初步设计之后的阶段。

"东方"航天发射场的"安加拉"发射工位的配置设计与在普列谢茨克发射场的基本相同。FSA 要求发射工位的两个发射台分成两个阶段建造,其中第一发射台主要用于发射配置 DM 和 KVTK 上面级的三级式"安加拉"A5 火箭,同时可针对配置 PTK NP 载人飞船的"安加拉"A5 火箭进行适应性改造。第二发射台则同时用于载人和不载人型火箭发射任务。

虽然"安加拉"发射工位的建造工程于 2014 年秋季正式开始。但在 9 月份初普京总统视察"东方"航天发射场时,FSA 局长奥斯塔片科公开建议缩减"东方"航天和普列谢茨克发射场的"安加拉"发射工位建设资金,转而用于超重型火箭的研发项目。目前资料显示,2016 年至 2020 年间,至少能建成一个"安加拉"火箭发射台。

2014 年 11 月 13 日,FSA 发布了新的有关"安加拉"火箭在"东方"航天发射场实施发射任务要求、发射工位适应性建设及相应研发工作在内的招标文件,最后总合同价约为 2.672 亿美元,期约一直延续至 2023 年 11 月。

3. 其他配套设施

(1) 俄国防部下属的远东特种工程部(Spetsstroi),同意在"东方"航天发射场内建造一个 15 千米长的铁路,并对连接发射场主铁路线与联邦铁路的 Ledyanaya 火车站进行包括对原支线在内的适应性改造,同时还在乌格里哥斯克居住区建造一个火车站。

(2) Spetsstroi 还将完成供电网第一阶段的建设,开始新的水设施、铁路线第二阶段以及供电网扩展工程第二阶段的建设工程。

(3) 2014 年 1 月,设在工业园区的主行政办公楼竣工。目前正在进行消防站、停车场、施工材料储存区及雨水处理设施的内部配置。

(4) 设在乌格里哥斯克居住区的现代化汽车和火车中转站于 2014 年完工。此外,还完成了新建长度 65 千米铁路中的 25 千米。

(5) 根据资料显示,在乌格里哥斯克居住区北部约 12 千米处拟新建一个机场。原计划是于 2013 年开工,2015 年完工,但目前只进行了前期的清场工作。

(二) 建立新式的地面装配操作流程

根据目前 FSA 官方报道的资料,在"东方"航天发射场针对运载火箭和航天器进入发射台的射前准备将在一个特定的技术区(称为"2 号场区")内展开。虽然这种模式在其他国家已成为常规性操作程序,但对俄罗斯的发射场而言,这俨然是一项创新。

传统的俄罗斯发射场对于每种运载火箭均有单独的处理与装配设施,且在许多情况下需单独为某一发射台建造一套完整的地面保障处理设施。如此大规模、造价昂贵的地面设施通常占地面积相当大,并且需配置各自的道路、通信线路、人员和居住场所。而对于"东方"航天发射场,设计人员只设计了一个集中操作处理场所,能够为整个发射场进行全部的射前操作准备工作。各型号运载火箭及其有效载荷的操作处理将在各自的工作区内展开,但各工作区则通过一个公共过道相互连接。这种设计方案能够将各个单体建筑的容量最小化,消除地面保障设施的重复性建造,使全部航天器的操作准备在一个场所内进行,并可对有关设施进行相应的发展扩充。

公共过道长约 500 米,其南侧将 4 个操作厂房(包括:卫星、上面级和有效载荷装配厂房;载人航天器操作设施;用于 PTK NP 航天器及其发射与对接模块进行装配和维护设施、运载火箭装配厂房)进行连接;其北侧则将包含贮存间、加注和供电站在内的 5 个保障厂房进行连接。在公共过道里并配置了一套桁架式大型活动平台,重 200 吨,尺寸为 6×28 米,能够沿轨道通过 4 组双转向轮进行前后移动。在完成了某一运载火箭或航天器在其操作区的处理后,将其移至活动平台,然后再转送到主装配大厅进行最后组装。根据目前公布的资料显示,在"东方"航天发射场建设的第二阶段,拟将公共过道向西面扩建,以连接"安加拉"系列火箭的装配厂房。

除了主要操作厂房外,技术区还配置了各种保障设施,如消防站应急情况部门的操作设施以及推进剂存贮设施等。

技术区的建造分两个阶段展开:第一阶段将于 2015 年完成,第二阶段则于 2018 年完成。根据 2014 年 8 月的资料,公共过道的全部承载结构已完成,并进行包括电子和其他系统在内的相应内部硬件配置。技术区内的主要轨道可用于各种设备的安装,承包商正在加工活动平台。

(三) 人员居住区的建造

随着"东方"航天发射场的施工建设和投入使用,为了解决未来超过 25000 名发射任务人员的居住问题,俄罗斯政府和航天部门对发射场附近的原军队住扎区——乌格里哥斯克(Uglegorsk),进行大规模的改造,将其转型成为一个现代化的科学城,并拟更名为齐奥尔科夫斯基(Tsiolkovsky)。

1. 建设规模

该城占地面积约为 2.2 ~ 2.4 平方千米,人员密度约为每平方千米达 11500 人。共划分 4 个居住区:初期居住区、学术城(航天项目工程师)、行政居住区(行政人员)以及专用住宅(高层人员),住宅建筑以 6 层、9 层和 12 层的公寓房为主,高档专用住宅为辅。城区内的主要设施包括:4500 人的幼儿园、4500 人的学校、450 人的学校配套设施、2000 平方米的教育设施、2000 平方米的运动设施、625 平方米的室内游泳池、2000 座的俱乐部、750 座的电影院、75 座的图书馆、2000 平方米的商店、1000 平方米的超市、1000 座和 750 人的宾馆。人员入住则根据每种型号运载火箭运抵发射场实施发射任务的实际情况相应递增:2015 年 12 月,"联盟"火箭,约 5000 ~ 12000 人;2016—2020 年,"联盟"火箭和"安加拉"火箭,达到 20000 人;2020—2030 年,"联盟"火箭、"安加拉"火箭和超重型火箭,达到 30000 人。

2. 城市布局

乌格里哥斯克的新城区将沿着阿穆尔州立高速公路的支线向东南延伸,其城市布局和地理定位主要考虑该地区的北向主导风因素。此外,规划设计人员希望居住区沿着发射场的工业与保障设施建设发展,能够使人员以步行方式就可到达工作场所。

3. 施工情况

其改造工程于 2013 年底开始,比原计划晚了 4 年,分 3 个阶段实施。根据 2013 年 4 月公布的资料,第一阶段的施工建设将于 2015 年底完成,包括可容纳 12000 人的 24 栋住宅楼及配套设施,但很快就缩减为可容纳 5000 人的 17 栋住宅楼。由于施工文件于 2013 年 10 月才送达,因而实际施工时间从 11 月才开始。施工规模于 2014 年再次缩减,2015 年 12 月完成可容纳 3500 人的 1045 套公寓房的建造,一个容纳 230 名孩子、配备游泳池的幼儿园、1 栋行政楼、1 座医院和 1 所儿科中心。普京总统于 2014 年 9 月 2 日参观"东方"航天发射场时,只有 8 栋公寓楼处于施工中。根据俄罗斯相关媒体报道,2014 年将完成 3 栋公寓楼的建造,2015 年 6 月完成 9 栋公寓楼、1 所幼儿园和配套保障设备的建设。

(四)加快施工进度的相应措施

1. 资金

根据 2013 年的资料,"东方"航天发射场的建设资金缺口达约 7 亿美元。造成超预算的原因主要是建造材料的运输成本是常规性的 3 倍。2014 年 9 月 2 日,普京总统在参观"东方"航天发射场时,要求加快建造速度,并同意在 2015 年追加 500 亿卢布(13 亿美元)的建设经费。自 2011 年以来,俄罗斯政府已投入超过 1000 亿卢布的资金,目前"联盟"2 火箭和"安加拉"火箭发射台几近完工,重型运载火箭发射设施的建设将定于 2016 年至 2018 年间。

2. 人员

普京认为目前的施工进度延后了 30～55 天,而现场 6000 人的施工人员数量需再增加一倍,并要求"东方"航天发射场必须于 2016 年实施其第一次发射任务。为了确保施工进度不再出现延误,普京要求副总理德米特里·罗戈津取代于 2013 年新任的航天局局长奥利格·奥斯塔片科,直接管控发射场的施工项目。

3. 其他

2014 年 12 月 8 日,总理德米特里·梅德韦杰夫宣布"东方"航天发射场项目主任席克拉洛夫因施工进度延误引咎辞职,由基里尔·马泰恩尤科接任。由于莫斯科很难直接对发射场的施工进行管控,因而梅德韦杰夫同意在施工现场设立一个协调中心。

(北京特种工程设计研究院)

2014 年国际空间站科学与应用发展综述

2013 年 9 月至 2014 年 9 月,航天员在国际空间站上共完成了 4 次长期考察任务,分别是 2013 年 9 月至 2014 年 3 月开展的第 37/38 次和 2014 年 3 月至 9 月开展的第 39/40 次长期考察任务。4 次任务在技术开发与验证、人体研究、物理科学、教育活动和推广、生物学与生物技术及地球与空间科学 6 大研究领域开展了 200 项科学研究实验,下面就整体研究情况及各领域研究进展和新变化进行详细解析。

一、科学研究与应用概况

在这 4 次长期考察任务中,美国国家航空航天局(NASA)、日本航空航天探索局(JAXA)、欧洲航天局(ESA)和加拿大航天局(CSA)在 6 大研究领域资助开展的实验项目数如图 1 所示。

在第 37～40 次长期考察任务所开展的全部 200 项实验中,92 项为新实验,体现出国际空间站科研活动的活跃性。NASA 资助的实验达 146 项,占全部实验项数的近 3/4,遥遥领先于其他航天局,其中以技术开发与验证类研究最多。在 NASA 资助的实验中,通过国家实验室获得实验机会的占到一半(共计 72 项),表明美国商业部门、非盈利机构以及其他美国政府部门已经成为在国际空间站开展科学研究的重要力量。国家实验室资助的实验中教育类研究最多(29 项),其次是技术类研究(21 项)和生物类研究(16 项)。其他各航天局也开展了多项研究,其中 JAXA 在生物类研究方面、ESA 在人体研究方面的研究项目数相对较多。

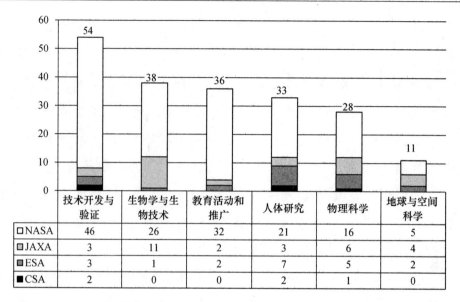

	技术开发与验证	生物学与生物技术	教育活动和推广	人体研究	物理科学	地球与空间科学
□ NASA	46	26	32	21	16	5
▨ JAXA	3	11	2	3	6	4
▧ ESA	3	1	2	7	5	2
■ CSA	2	0	0	2	1	0

图 1　国际空间站第 37~40 次长期考察任务中各航天局(不包括俄罗斯联邦航天局)在各研究领域资助开展的实验项数

二、科学研究与应用进展

(一)技术开发与验证实验

1. 研究概况

技术开发与验证是实验项数最多的研究领域,在全部 54 项实验中,NASA 资助开展了 46 项,且全部 21 项新实验都为 NASA 资助,展现了 NASA 对技术类研究持续的高度重视。实验最多的三个研究方向依次是小卫星和控制技术、通信与导航以及航天器与轨道环境。

2. 研究进展和新变化

小卫星和控制技术研究方向共开展 11 项新实验,其中 8 项利用美国纳米机架公司开发的"纳米机架立方体卫星释放装置"从国际空间站释放小卫星。该装置外观为矩形管,容积为 6.5 个立方体卫星单元(6.5 U),可发射 1~6 U 尺寸的立方体卫星。立方体卫星在地面装配到该装置上,运送至国际空间站后,利用日本实验舱遥控机械臂从气闸处抓取安装了释放装置的多用途实验平台,将其安放在合适位置后释放小卫星,释放装置随后被收回。每个气闸周期最多可释放8组装置。这8项实验分别是:"纳米机架—行星实验室公司—鸽子"实验包括数十颗小卫星,将组成对地观测星座,观测图像可用于监测森林砍伐、灾害应急响应以及农业管理等,全球用户都可申请使用。"纳米机架-ArduSat-2"测试市售的微处理器、传感器和材料对空间环境的适应性,以期降低未来空间应用的成本。"纳米机架—微型微波大气卫星"是一个低成本、低功耗、超小型的118吉赫兹微波辐射计,可提供飓风、热带风暴和恶劣天气的热图像,以改进对恶劣天气影响的建模和预测。"纳米机架-SkyCube"卫星安装了一款智能手机应用程序,可跟踪小卫星位置并通过推特与公众交流,卫星还将验证利用气球脱离轨道的技术,未来或可用于清除空间碎片。"纳米机架-LituanicaSAT-1"和"纳米机架-LitSat-1"是立陶宛的首批空间卫星,前者基于开源Arduino平台开发的软件开展对地观测以及太阳能电池和通信等技术验证,后者旨在开发可取代传统的反作用轮陀螺仪的新型卫星姿态控制技术。"纳米机架-Λ-Sat"希腊卫星研究空间辐射和真空条件对石墨烯的影响,并演示可实时监测希腊商船和船员、加强海上安全和阻止海盗行为的通信平台。秘鲁Alas Peruanas大学的学生设计并建造的"纳米机架-UAPSAT-1"将验证设计方案并测试各种电子仪器、指向和稳定设备以及温度传感设备。

NASA还资助开展了另外3项小卫星实验。"SPHERES-晃动"实验利用2颗同步定位、保持、轨道预定与再定向实验卫星(SPHERES)和它们之间连接的一个罐子开展研究,旨在了解在微重力环境下长时间飞行过程中流体是如何在容器内移动的,从而模拟火箭燃料在燃料箱中的活动情况。在6月召开的第三届国际空间站研究和发展大会上,该实验入选为2013年度国际空间站14项最佳研究成就之一。"按需样品返回能力开发"实验将辅助开发一种独特的基于"外构刹车"(Exo-Brake)技术的拖曳式离轨系统。

"全球星实验和避险卫星飞行实验"验证利用全球星(Globalstar)卫星网络指令和控制小卫星系统的可行性。

其他技术类新实验包括:"多种气体监测器"是可对氧气、二氧化碳、氨气和湿度进行不间断测量的激光传感器,大小仅相当于一个鞋盒,可在 1 秒内完成测量。"纳米机架 – ArduLab – 1"技术验证实验对 ArduLab 微控制器系统进行技术验证,包括开展温度和加速度测量以及数据传输测试。"模拟研究通信延迟准备的国际空间站测试平台"研究以即时通信协议弥补语音通信延迟的可行性,以及开发通过日常任务规划来提高航天员工作自主性的技术。"激光通信科学光学有效载荷"实验测试天地激光通信技术,2014 年 6 月 5 日成功进行了持续时间为 148 秒的激光通信实验,最高速率达到 50 兆比特/秒。"舱内活动航天服研究"试验为航天员穿着市售轻质防异味服装,该研究旨在降低货物运输需求,并为航天员提供更加舒适、穿得更持久的衣物。"高清晰度地球观影"实验将在国际空间站外部安装 4 部高清摄像机,拍摄地球并可供网上浏览,测试摄像机的空间环境适应性。2 项新实验通过测试先进的软件和运行概念,研究国际空间站上的航天员如何在地面支持较少参与的情况下使航天器系统自动化运行,分别是"自主任务运行 – EXPRESS 机架自主运行项目"和"自主任务运行—总有机碳分析仪(TOCA)自主运行项目"。"载人探索遥操作机器人智能手机 – MM"实验利用智能手机技术和国际空间站上的 SPHERES 自主导航小卫星平台验证基于视觉的导航和定位技术。"国际空间站上的材料实验 –8 飞行支持设备 – 空间立方体"实验测试一种先进的飞行可重构现场可编程门阵列的空间辐射耐受性,模拟未来长期空间任务。

(二)生物学与生物技术实验

1. 研究概况

生物学与生物技术实验共计 38 项,其中 29 项为新实验。在资助机构方面,NASA 资助 26 项实验,JAXA 资助 11 项实验,ESA 资助

1 项实验。在研究方向方面,细胞生物学、大分子晶体生长和植物生物学的实验项数最多。

2. 研究进展和新变化

细胞生物学方向共开展了 8 项新实验,NASA 资助了其中 6 项。"空间中的人成纤维细胞微 RNA 表达"实验研究微重力如何影响非分裂细胞的基因表达和物理性状。"老龄化 T 细胞的活化"实验通过分析 T 细胞的基因响应变化从分子层级上确定微重力对免疫系统的影响。"纳米机架 – CellBox – 微重力对人类甲状腺癌细胞的影响"实验旨在找出基因组(遗传信息)、蛋白质组(蛋白质表达)或分泌组中的新的生物标志物,以更好地理解甲状腺癌发展的机制。"纳米机架 – CellBox – 微重力环境下的人体巨噬细胞"实验研究空间飞行对巨噬细胞的长期改变,以更好地理解空间飞行对免疫系统的影响。"纳米机架—调控和增强免疫系统的对策"实验研究苯并呋喃羧酸如何通过增强免疫细胞来抵抗空间飞行带来的不良影响。"纳米机架—国际空间学校发现任务—生物医学实验"包括 2 项由国际空间学校教育信托基金(ISSET)和伦敦国王学院"任务发现2012"竞赛的优胜者设计的研究项目,分别研究氨苄青霉素是否可抑制大肠杆菌的生长,以及观察培养皿中的黏菌是否可以三维生长。JAXA 资助的"骨骼肌细胞的重力感应器:质膜的张力波动的生理相关性"系列研究开展了 2 项新实验,研究骨骼肌细胞的重力感应,并依此开发肌肉萎缩的治疗对策。

大分子晶体生长方向开展了 8 项新实验,均由 NASA 资助。"具有重要医学和经济价值的晶体结构的在轨研究"旨在制备 4 种与乳腺癌、皮肤癌、朊病毒病和氧化应激密切相关的蛋白质的晶体。"利用手持式高密度蛋白质晶体生长硬件在微重力下生长抗体结晶"实验旨在制备人体免疫细胞产生的人类单克隆抗体的晶体。"商业蛋白质晶体生长—高密度蛋白质生长改进实验"旨在制备在地面上难以获得的大体积膜蛋白晶体。"微重力下的 Huntingtin Exon 1 结晶实验"旨在制备质量和体积较大的亨廷顿蛋白晶体,以便精确测量其结构,开发治疗药物。"微重力下的膜蛋白结晶实验"尝试制取囊性纤维变性蛋白、囊性纤维变性跨膜传导调节蛋白以及其他密切相关的蛋白质的高质量大尺寸晶体。"微重力下的医学相关蛋白质结晶研究"旨在制备钙离子非依赖型磷脂酶和凝血酶原的高质量晶体。"用于中子衍射研究的反扩散法无机焦磷酸酶复合物大体积晶体生长"旨在获得无机焦磷酸酶复合物晶体,并通过中子衍射研究其结构。"优化用于酶动力学研究的蛋白质晶体生长"旨在制备三种与医学研究密切相关的蛋白质晶体,并提高其质量和产量。

植物生物学方向开展了 6 项新实验,其中 5 项由 NASA 资助开展。"Biotube-磁力诱导根曲率"研究微重力环境中磁场对植物根生长方向的潜在影响。"蔬菜硬件验证测试"实验在空间站种植各种植物,为航天员提供新鲜食物和休闲空间,并可用于教育推广。"植物适应空间环境的机制"实验研究拟南芥中 AtIRE1 蛋白在逆境中对基因表达的调控,来抵抗空间飞行产生的相关逆境。"空间飞行环境下植物发育的分子生物学"实验着眼于重力缺失在分子和基因水平上对于植物根系生长的影响,以及有光和无光情况下的变化。"罐中生物实验-18-1:在载人空间飞行中带入的病原细菌多重抗药性的发展"研究微重力条件下幼苗的生长发育,幼苗将被化学固定并返回地面做飞行后评估。ESA 资助的"重力感应的阈值加速-2"实验在微重力环境中对扁豆幼苗的根系施加不同水平的离心加速度,结合观察到的根弯曲程度,来确定根反应的加速度阈值。

微生物学方向开展了 4 项新实验,其中 3 项由 NASA 资助开展。"空间中抗生素的有效性-1"实验通过在空间中培养大肠杆菌研究微重力下抗生素有效性降低的情况,有助于改进在空间任务中降低感染风险的方法。"高等植物实验-02-2"研究酵母菌细胞如何适应空间环境的独特机制。"纳米机架——微重力下的微生物群落样本生长速率和 DNA 表征对比"实验研究来自地面微生物群落样品在国际空间站的生长状况,并对空间站微生物取样。JAXA 资助的新实验"在轨监测航天器内的微生物"实验目标是开发快速有效的舱内微生物在轨监测系统。

动物生物学方向开展了 3 项新实验。JAXA 资助开展了 2 项脊椎动物研究。"重力对斑马鱼肌肉质量的影响"研究微重力是否导致斑马鱼肌肉萎缩及其原因。"微重力对破骨细胞的影响以及对青鳉重力感应系统的分析"实验将观察在微重力下生活的青鳉,这些鱼拥有半透明的身体,并且利用荧光蛋白质进行过遗传修饰,因此易于观察在空间飞行期间其细胞和基因的变化情况。NASA 资助开展了 1 项无脊椎动物实验,"纳米机架—心脏影响分析研究小组开展空间飞行中的果蝇研究实验"以模式生物果蝇为材料,研究空间飞行中的心脏功能和健康问题。

(三)教育活动和推广实验

1. 研究概况

教育类实验共计 36 项,其中 27 项为新实验。NASA 共资助 32 项教育类实验,ESA 和 JAXA 分别资助 2 项。在研究方向方面,学生开发的研究实验多达 23 项,且全部为利用纳米机架开展的新实验。

2. 研究进展和新变化

这些利用纳米机架开展的学生开发实验研究内容非常宽泛,包括流体、材料等物理学研究,动植物、蛋白质、微生物等生物学研究,辐射测量、水处理、气体传感器等技术类研究等。这些实验都是通过美国国家实验室的途径获得飞行机会的,参与机构包括美国及其他国家的多所学校和研究机构。

其他新实验还包括:2 项教育示范实验,1 项是 NASA 支持的"空间中的故事时间",该研究项目将科学素养推广与航天员演示相结合;另 1 项是 ESA 支持的"欧洲空间局 – 教育载荷操作 – Gerst"项目,组织德国学生竞赛选出一项实验,然后由 ESA 航天员在国际空间站上开展;航天员还将拍摄地球照片并与学生开展多项互动。

1 项教育竞赛实验,"纳米机架 – 爱尔兰复合材料研究中心 – St. Nessan 社区大学:微重力对钢筋混凝土凝固的影响"实验结果将增进对混凝土在空间应用的了解,或将有助于未来在月球、小行星等天体上开展建设项目。1 项空间站实验的教室版实验,"商业通用生物加工设备科学插件 – 06:空间中的蚂蚁"将对比正常重力和微重力下蚂蚁群体的行为差异,K – 12 年级的学生可以近实时地观看国际空间站上的实验视频,并在教室中开展对比实验。

(四) 人体研究实验

1. 研究概况

人体研究实验共计 33 项,其中新实验为 6 项。在研究方向方面,骨骼与肌肉生理学、综合生理学与营养以及神经与前庭系统的实验最多。

2. 研究进展和新变化

NASA 资助了 5 项新实验。"便携式负荷监测装置飞行演示—阶段 1:XSENS ForceShoeTM"是一种测量航天员利用"先进耐力锻炼装置"(ARED)进行锻炼过程中的运动负荷的装置。"在航天员长期空间飞行期间及其后定义氧化和炎症应激的生物标志物与动脉粥样硬化之间的关系"实验将确定在长期空间飞行期间及其后氧化和炎症应激的生物标志物是否有所增加,以及这一结果是否会增加动脉粥样硬化的长期风险。"评估通信延迟对行为健康和绩效的影响:利用国际空间站进行的自主运行检查"实验的总体目标是确定在长期空间任务中发生通信延迟是否会导致个人和团队的临床表现或绩效显著降低。"生物化学检测清单"实验在飞行前、期间和飞行后对航天员的血液和尿液进行取样,样品中的特殊蛋白质和化学物质可作为生物标志物或身体健康指标。JAXA 资助的新实验"混合训练方法对长期处于国际空间站的航天员肌肉骨骼系统失用性萎缩的效果—初步验证"检验利用施加电刺激产生的肌肉收缩来对抗运动肌肉的自主收缩的混合训练方法,这一方法或可成为一种新的标准训练方式,并有潜力成为探索级深空载人任务飞船上的一种有效训练设备。

(五) 物理科学实验

1. 研究概况

物理科学实验共计 28 项,其中新实验有 9 项。在研究方向方面,流体物理、复杂流体和材料科学的实验最多。

2. 研究进展和新变化

NASA 资助开展了 7 项新实验。"二元胶体合金测试低重力相动力学 –1"系列研究开展了 2 项新实验,"临界点"实验研究模型胶体—聚合物体系在临界点附近的液—气相分离;"产品存储寿命"实验研究微重力下胶体相变过程的物理学,上述研究有助于开发具有独特性质和更长存储寿命的新型消费产品。系列研究"先进胶体实验"开展了 2 项新实验,"加热 –1"实验研究胶体混合物从有序晶体向无序玻璃态的转变;"显微 –2"实验观察气液分离的微观行为,即模型液体(胶体多)和模型气体(胶体少)接近临界点或两相之间无明显界限时的行为。"固液混合物中的粗化 –4"实验研究含有少量锡枝晶的锡 – 铅混合物的生长和凝固过程。"约束气泡 –2"实验利用微型热管和两种燃料的混合物研究传热系统的物理学和工程学。"固体的燃烧和熄灭 –2"实验对微重力环境下多种燃料样品的燃烧和熄灭特性进行研究,实验结果有助于设计燃烧计算模型,应用于微重力和地球环境的火情检测和灭火系统。

ESA 资助的新实验"吸收和表面张力设备"研究决定不同乳液稳定性的物理原理,以及哪种化合物可以对其稳定性产生影响,旨在确定液/液界面表面活性剂吸附动力学特性。JAXA 资助的新实验"落塔实验发现的新雾化概念的详细验证—旨在开发湍流雾化模拟器"研究液体喷雾过程以确定新雾化概念,这种新概念可以预测液流和液丝的准确断裂位置,为改进火箭和喷气发动机内部喷雾燃烧过程提供关键信息。

（六）地球与空间科学实验

1. 研究概况

地球与空间科学领域共开展了 11 项实验,尽管没有新实验开展,但阿尔法磁谱仪等研究取得了引人瞩目的积极进展。在研究方向方面,对地观测实验最多,其次为空间天文学和太阳物理学实验。

2. 研究进展和新变化

阿尔法磁谱仪研究团队在 2014 年 9 月发布了最新观测结果,显示暗物质可能存在。项目首席科学家丁肇中教授称,暗物质碰撞产生过量正电子有 6 个特征,开始点、上升速率、最高点等 5 个特征都已被阿尔法磁谱仪测量到,最后一个特征是测量正电子产生率会不会突然下降,如果观测到快速下降就可以确定是暗物质。

此外,NASA 资助的 2 项地球遥感实验近期在国际空间站就位。"ISS – RapidScat"海风观测设备于 2014 年 9 月 23 日搭乘"龙"飞船抵达空间站,在 9 月 29 日由机械臂安装到"哥伦布"舱外。"ISS – RapidScat"将开展为期 2 年的气候研究、天气预测和飓风监测,第一次对全天风变化情况开展近全球性测量。"云——气溶胶输运系统"(CATS)于 2015 年 1 月 12 日搭乘"龙"飞船抵达空间站,在 1 月 22 日由机械臂安装到日本实验舱。CATS 采用激光雷达系统来测量大气中的污染物、尘埃、烟、气溶胶等颗粒物体的位置、成分和分布情况,可以帮助研究大气成分对全球气候的影响,建立更好的全球气候反馈过程模型。

三、结语

近年来,国际空间站上的科研活动受到各界的持续高度关注。2014 年 6 月,美国宇航学会(AAS)、NASA 和空间科学促进中心(CASIS)联合举办了第三界国际空间站研究和发展大会,会议以"发现、应用和机遇"为主题,来自学术界、工业界和政府人士就国际空间站上的科学研究和技术开发开展了广泛探讨。会上宣布了 14

项研究成果为 2013 年度国际空间站最佳研究成就,其中包括 4 项 2013 年度最受关注研究成果,4 项生物技术、健康和教育类研究,3 项重点关注商业化和探索应用的工程研发和技术类研究,以及 3 项 微重力下的研究发现。2013—2014 年,在正在进行中的长期考察任务 41/42 中,一些研究项目也已经产出显著成果,如"零重力下的 3D 打印技术验证"实验在 2014 年 11 月成功制造出首个空间 3D 打印物品,吸引了整个航天界的眼球。2014—2015 年,还有多个备受科学界关注的有效载荷已经或即将登陆国际空间站,如探测宇宙射线的"宇宙线力能学和质量"(CREAM)设备、探测暗物质的"量能器型电子望远镜"(CALET)、开展复杂等离子体研究的"等离子体晶体 -4"科学载荷等,依托这些研究设施开展的科学研究有望进一步深化人类对宇宙空间和物质规律的认知。总而言之,国际空间站各类研究活动和不断取得的研发进展,将支持为未来更远的载人空间探索活动所做的准备,并为地球上的生活带来长久的益处。

(中国科学院文献情报中心)

2014 年载人航天大事记

1月5日,印度成功发射一枚低温 GSLV‑MK2 火箭,该火箭的上面级首次使用印度自主研制的低温推进技术,这使印度成为世界第 6 个拥有低温发动机火箭技术的国家。

1月8日,NASA 宣布奥巴马政府批准将国际空间站使用寿命至少延长至 2024 年。国际空间站的延寿将有助于 NASA 和其他航天机构实现众多关键目标,使国际空间站的应用价值最大化。

1月9日,美国国务院主持召开国际太空探索论坛(ISEF),这是第一个为太空探索全球合作提供支持的部长级会议。ISEF 召集了 35 个国家的部长和高级官员共同讨论太空探索面临的机遇与挑战。

1月9日,美国轨道科学公司的“天鹅座”货运飞船搭乘“安塔瑞斯”火箭成功发射,为国际空间站运输重约 1.26 吨的食品、备用零部件和科学实验设备。12 日,飞船与国际空间站成功对接。2 月 18 日,飞船脱离国际空间站,携带空间站上的垃圾返回,一天后在地球大气层中自毁。这是“天鹅座”飞船首次完成空间站任务。

1月16日,NASA 发布了“月球货物运输和软着陆”的倡议,旨在寻求与商业公司合作把有效载荷送入月球表面,合作开发可靠、经济的商业化无人月球着陆器,促进月球运输能力的商业化发展。

1月18日,国际空间站轨道高度借助“进步”M‑21M 货运飞船提升了 2 千米,国际空间站高度由原来的 415 千米提升至 417.2 千米。

1月28日,国际空间站指令长奥列格·科托夫和工程师谢尔盖·梁赞斯基实施了近6小时的出舱活动,完成了"星辰"号服务舱外表面两个摄像头的安装工作。

1月28日,NASA宣布将继续购买俄罗斯"联盟"载人飞船至2017年的国际空间站乘员运输服务。

2月6日,俄罗斯"联盟"U火箭从拜科努尔发射场向国际空间站发射了"进步"M-22M货运飞船,为空间站送去燃料、科研仪器、药物、水、氧气、食品、衣物等补给,货物总重量约2.4吨。

2月7日,加拿大公布了《空间政策框架》,提出了加拿大发展航天的五个重点任务,放在首位的是通过发展航天业来维护加拿大的主权、安全和繁荣,其次政府通过支持航天业发展,引进尖端技术来促进就业和经济增长,在国际空间站等重大项目上与其他国家开展合作,通过投资"加拿大臂"、"詹姆斯·韦伯"太空望远镜等项目提高加拿大的创新能力,鼓励更多加拿大人投身航天业。

2月3日,"进步"M-20M货运飞船脱离国际空间站,11日坠毁于太平洋南部。

2月10日,NASA局长查理斯·博尔登和法国国家太空研究中心主席让·伊夫·勒加尔签署了合作开发未来火星着陆器的实施协议,该火星着陆器任务被命名为"利用地震勘测、测地学和热传导进行内部探索"(InSight)任务,计划2016年3月发射。

2月10日,空中客车防务及航天公司(Airbus Defence and Space)与欧洲航天局(ESA)签署合同,合同规定空客公司在2014年进行欧洲下一代火箭"阿里安"6的概念和可行性研究,该合同价值8100万美元。

2月13日,波音公司宣布完成了发射运载适配器(LVA)的关键设计评审(CDR),该LVA是连接CST-100飞船及联合发射联盟(ULA)的"宇宙神"5运载火箭的装置。

2月19日,曾执行过世界上首次太空卫星捕获任务的美国航天员戴尔·加德纳(Dale Gardner)去世,享年 65 岁。

3月1日,NASA 位于加利福尼亚州爱德华兹的德莱登飞行研究中心正式更名为阿姆斯特朗飞行研究中心,以纪念这位人类登月第一人。

3月4日,NASA 发布了 2015 财年经费预算,预算总额为 174.6亿美元,比 2014 财年增加 1000 万美元,比 2013 年高出 6 亿美元。

3月10日,美国航空喷气·洛克达因公司宣布完成锂离子电池轨道替换单元(ORU)的关键设计评审,该 ORU 将为国际空间站上的航天员开展重要的研究工作提供更有效的能源储存。

3月11日,"联盟"TMA-10M 号飞船与空间站分离,搭载第 38长期考察团三名航天员安全返回地面。

3月12日,俄火箭航天联合集团公司成立。14 日,俄总理梅德韦杰夫签署命令,任命俄罗斯联邦航天局副局长伊格尔·卡马洛夫为新成立的火箭航天联合集团公司总经理。该公司把俄罗斯火箭航空领域内现有的从事民用航天和军用航天的各分散企业进行了整合,负责火箭航天设备的研制和生产,并组织完成国家规定的各项与航天有关的活动。

3月13日,国际空间站航天员与 NASA 先进技术中心(ATC)的工程师们验证了天地协同控制国际空间站机器人的技术,这是远程协同控制机器人技术的首次验证试验。

3月16日,国际空间站的轨道高度提升了 0.8 千米,以躲避一个可能接近空间站的废弃卫星碎片。

3月18日,叙利亚政府批准成立叙利亚国家航天局。

3月20日,NASA 完成了对肯尼迪航天中心基础设施的初步设计评审。

3月25日,日本航空航天探索局(JAXA)发布下一代 H3 运载火箭研发草案。H3 运载火箭旨在通过改进 H2A 和 H2B 火箭,满足日本 2020 年以后的空间运输需求,同时提高日本在国际卫星发射市场中的竞争力;通过将发射成本降低一半和其他改进手段,提高运载火箭的可用性。

3月25日,"联盟"TMA-12M载人飞船搭载三名航天员在拜科努尔航天发射场升空,原计划在发射6小时后与国际空间站对接。由于飞船反推力系统出现异常,飞船与国际空间站对接被推迟两天。28日第二次尝试自动对接,最终对接成功。

4月3日,ESA位于西班牙的光学地面站接收到了来自NASA"月球大气和尘埃环境资源探测器"(LADEE)的激光信号,传输速度达到惊人的80兆比特/秒。这一速度数倍于如今航天器依靠传统无线电进行通信传输的速度。

4月7日,俄罗斯"进步"M-22M货运飞船与国际空间站脱离,18日,飞船在太平洋指定地区坠毁。飞行期间,飞船上进行了"雷达—进步"科学实验,测量在不同太阳辐射方向下飞船发动机运转产生的电离层的密度、温度和成分。

4月9日,俄罗斯"进步"M-23M货运飞船从拜科努尔发射场升空,为空间站送去用于保持轨道高度的燃料、仪器,以及食物、水、空气等补给,总重量约2.5吨。7月22日,飞船与国际空间站"码头"号对接舱脱离。

4月15日,NASA与SpaceX公司签署了使用肯尼迪航天中心39A发射台的协议。该协议有效期20年,根据协议规定,该发射台将支持SpaceX公司的商业发射任务,SpaceX公司负责自费运营和维护39A发射台。

4月15日,日本公布一份国际空间站实验报告,报告显示,在空间站上摇蚊也是从幼虫经过蛹再变态发育为成虫的。这是首次确认在微重力环境下,水生昆虫也能发生变态。

4月18日,"龙"飞船搭乘"猎鹰"9火箭从卡纳维拉尔角升空,为国际空间站运输总重2.3吨的货物。期间,火箭第一级分离后完成了"猎鹰"-9.1火箭第一级在受控状态下的海面降落试验。4月

20 日,飞船与空间站对接成功。5 月 18 日,"龙"飞船脱离国际空间站,坠入太平洋海域进行回收。这是"龙"飞船第四次造访国际空间站,也是第三次为国际空间站带去给养与实验设备。

4 月 18 日,NASA"月球大气与尘埃环境探测器"(LADEE)于 12 时 30 分至 13 时 30 分期间成功撞月,完成了一百多天的探测任务。

4 月 23 日,国际空间站上的两名美国航天员执行了一次 1 小时 36 分钟的舱外活动,成功更换了国际空间站外一个出现故障的备用电脑。

4 月 24 日,俄罗斯表示将建造新的超重型运载火箭,第一阶段建造承载能力为 70~80 吨的火箭;第二阶段建造承载能力为 100~120 吨的运载火箭。

4 月 29 日,国际空间站利用"进步"M-21M 货运飞船将轨道高度提升了 2.15 千米,使国际空间站处于 417.2 千米高度。

5 月 6 日,美国"好奇"号火星车再次对一块火星岩实施钻孔作业,以采集岩石内部样本进行分析。这也是"好奇"号 2012 年登陆火星以来的第三次钻孔探测。

5 月 8 日,由于电压骤升导致国际空间站上八条功率放大电路中的一条输电电路出现故障。地面控制专家将由该条送电线路供电的空间站系统切换到备用电源。

5 月 14 日,载有三名航天员的"联盟"TMA-11M 飞船与与国际空间站分离,降落于哈萨克斯坦杰兹卡兹甘市东南 146 千米处。

5 月 16 日,"洞察"号火星着陆器成功完成了关键设计评审。

5 月 29 日,三名航天员乘坐的"联盟"TMA-13M 载人飞船从拜科努尔航天发射场发射升空,奔赴国际空间站。约 6 小时后,飞船与国际空间站自动对接。11 月 10 日,"联盟"TMA-13M 飞船搭载三名航天员返回地面。

5 月 29 日,SpaceX 公司展示了其研发的新型航天器——第二代"龙"飞船,该飞船使用新的发动机系统、触摸屏控制器和更耐用的热防护层等新型航天器技术,不仅可容纳 7 名航天员,而且系统更加安全。

6 月 2 日,韩国称将与 NASA 签署一项共同研制试验用月球轨道船的合同,计划在 2017 年之前研发出试验用轨道船,在 2020 年发射正式轨道船和月球登陆船。

6 月 4 日,国际空间站 P4 桁架光伏散热器面板上发现了约 30 厘米裂痕,估计是受到微流星体和空间碎片的撞击产生的。

6 月 5 日,NASA 成功完成"激光通信光学有效载荷"(OPALS)试验,利用激光束把一段高清视频从国际空间站传送回地面,传输速率达到 50 兆比特/秒。

6 月 5 至 6 日,俄罗斯 6 名预备航天员通过了评定受训水平的国家考试,获得"航天员—试验员"资格。

6 月 9 日,"进步"M - 21M 货运飞船与国际空间站脱离,满载垃圾和废物的飞船坠入太平洋。

6 月 10 日,国际空间站的俄罗斯"星辰"号服务舱发生冒烟情况,初步分析故障原因是俄方用于做饭的水回收装置故障。

6 月 11 日,NASA 宣布,将重返大西洋底部,执行两次极端环境任务(NEEMO),从而为未来的国际空间站任务及深空探索活动打牢基础。

6 月 19 日,国际空间站上的两名俄罗斯航天员执行了 7 小时 23 分钟的出舱活动,完成了一系列包括安装舱外电子扫描阵列雷达的任务。

6 月 24 日,NASA 称,"好奇"号火星漫游车完成了第一个火星年任务,为 NASA 提供了关于火星是否有利于微生物存在的环境条件分析。

6 月 25 日,国际空间站完成了例行轨道调整。空间站提升速度为 1 米/秒,调整后国际空间站轨道升高了 1.8 千米,高度达到了

415.74 千米。

7 月 2 日,NASA 称,航天发射系统(SLS)芯级通过了关键设计评审,这是该项目的一个重大里程碑,充分证明美国的下一代火箭已具备投入生产的条件。

7 月 7 日,NASA 确认 1977 年发射的"旅行者"1 号探测器已经进入寒冷而黑暗的星际空间。

7 月 8 日,韩国第一位也是唯——位航天员李素妍辞职。

7 月 9 日,俄罗斯试射最新轻型"安加拉"1.2PP 火箭成功,这是从苏联解体以来俄罗斯设计的第一代生态清洁火箭。

7 月 14 日,轨道科学公司的"安塔瑞斯"火箭搭载"天鹅座"飞船,从美国东海岸瓦勒普斯岛发射升空,"天鹅座"飞船携带约 1.5 吨的物资。16 日,"天鹅座"与国际空间站顺利对接。8 月 15 日,飞船与国际空间站分离,后坠入大气层自毁。

7 月 16 日,NASA 宣布"好奇"号火星漫游车在火星上首次发现巨大发光的陨铁,并称其为"黎巴嫩"。

7 月 24 日,"进步"M - 24M 货运飞船搭乘"联盟"火箭从哈萨克斯坦的拜科努尔航天发射场发射。"进步"M - 24M 货运飞船装有 800 千克推进剂、22 千克氧气、26 千克空气、420 千克水和 1320 千克的备件、实验设备等其他用品。

7 月 30 日,欧洲航天局在法属圭亚那库鲁航天中心成功发射了欧洲第五艘自动转移飞行器(HTV - 5 飞船)。飞船为国际空间站运送重约 6.6 吨的食物、水、氧气、燃料、科研器材等物资,飞船还将利用自带燃料帮助空间站提升轨道。8 月 12 日,飞船与国际空间站成功对接。

7 月 31 日,日本航空航天探索局在幕张召开了 2014 年国际空间探索研讨会。本次会议由国际空间探索协调组(ISECG)主持,JAXA 及日本文部科学省主办。会议将介绍 ISECG 所推进的全球探索路线图(GER)及 ISECG 成员机构的空间探索项目,以加强各成员对当前国际空间探索现状的认识。

8 月 7 日,国际空间站的 ESA 航天员亚历山大·格尔斯特 (Gerst)在轨遥操控地面的机器人(Eurobot)火星车,完成了一系列复杂的技术动作。

8 月 18 日,国际空间站 2 名航天员进行了 5 个多小时的出舱活动,执行包括部署立方体卫星、太空生物学实验等任务。这是为支持国际空间站组装和维修所进行的第 181 次出舱活动。

8 月 20 日,"好奇"号火星漫游车勘探受挫,第四个钻孔目标没有通过钻孔测试,因此决定放弃这次任务。

8 月 22 日,SpaceX 公司的火箭飞行试验时在半空中发生爆炸,所幸并无造成人员伤亡。试验所用的火箭是三个引擎配置的试验型火箭 F9R,其前身是"蚱蜢"火箭。

9 月 1 日,携带壁虎、果蝇、蚕卵、蘑菇和高等植物种子的"光子"M 生物卫星在奥伦堡州着陆,"光子"M 生物卫星于 7 月 19 日从拜科努尔航天发射场升空,进入地球轨道。

9 月 1 日,巴西成功发射了该国首枚配备液体推进剂发动机的试验性运载火箭。

9 月 10 日—15 日,第 27 届太空探索者协会(ASE)年会在北京举行,本届年会由太空探索者协会与中国载人航天工程办公室主办,年会主题是"合作:共圆人类航天梦"。

9 月 11 日,"好奇"号火星漫游车终于抵达它在这颗红色星球上的主要任务地点——高约 5000 米的夏普山。

9 月 16 日,NASA 宣布售予波音公司和 SpaceX 公司共 68 亿美元的合同,承担 2017 年后国际空间站的乘员运输任务。

9 月 21 日,SpaceX 公司发射"龙"货运飞船,给国际空间站送去第一台 3D 打印机和 20 只小鼠。这是"龙"飞船第 4 次执行国际空间站货物补给任务。10 月 26 日,"龙"飞船结束空间站任务,携带小鼠和其他货物返回地球。

9 月 22 日,NASA 的"火星大气与挥发物演化任务"(MAVEN)探测器完成为期 10 个月的飞行,进入火星轨道。

9 月 24 日,印度首个火星探测器成功进入火星轨道,开始其环绕火星的科学探测活动,这使印度成为第四个实现火星探测计划的国家。

9 月 26 日,"联盟"TMA–14M 飞船从拜科努尔航天发射场发射,并于 6 小时后与国际空间站自动对接,将美国和俄罗斯航天员送往国际空间站。

9 月 30 日,NASA 局长查尔斯·博尔登和印度空间研究组织主席拉达克里什南在加拿大出席国际宇航大会期间签署了合作文件,其中一个主要内容是两国将建立一个火星联合工作组。

10 月 7 日,国际空间站外实施了 6 小时 13 分钟的出舱活动,成功清理了一个出现故障的冷却泵,并解决了其他一些小问题。

10 月 16 日,国际空间站上两名美国航天员进行了 6 小时 34 分钟的出舱活动,完成了更换一个出现故障的稳压器的工作。

10 月 22 日,国际空间站上两名俄罗斯航天员完成了 2014 年最后一次出舱活动,执行了包括拆除失效的试验设备器件的工作。此次出舱原计划 6 小时 7 分钟,但两名航天员提前 2 小时完成了预定工作。

10 月 24 日,中国自行研制的探月工程三期再入返回飞行试验器,在西昌卫星发射中心用长征三号丙运载火箭发射升空。11 月 1 日,再入返回飞行试验返回器在内蒙古四子王旗预定区域顺利着陆,我国探月工程三期再入返回飞行试验获得圆满成功。

10 月 28 日,美国轨道科学公司研发的"天鹅座"飞船从美国弗吉尼亚州发射升空,执行国际空间站货运任务,升空后 6 秒火箭发生爆炸,飞船及装载的 2200 千克物资损毁,地面系统受到的损失也很严重。

10 月 29 日,"进步"M–25M 货运飞船搭乘改进版"联盟"–2.1A

运载火箭向国际空间站运送燃料、空气、氧气、食品、科学实验器材以及给航天员带来的包裹。

10月31日，维珍银河公司"太空船二号"（SpaceShipTwo）在加州莫哈韦沙漠上空试飞时坠毁，造成一名飞行员死亡，另一名重伤。

11月12日，欧洲航天局确认彗星着陆器"菲莱"已成功登陆彗星"丘留莫夫—格拉西缅科"，载有"菲莱"的彗星探测器"罗塞塔"于2004年3月升空，这是人造探测器首次登陆彗星。

11月24日，地面控制人员向国际空间站上的3D打印机发出指令，打印一个挤压机套管的面板。25日，国际空间站上的3D打印机完成了首个空间3D打印项目，首个在空间打印的物体是打印机本身的零部件——3D打印机的外壳面板。

11月24日，"联盟"TMA－15M载人飞船搭载三名航天员从拜科努尔发射场发射升空飞往国际空间站，其中包括意大利的首位女航天员，飞船约6小时后与国际空间站"黎明"号实验舱实现了自动对接。

12月2日，ESA在卢森堡召开了为期1天的部长级会议。ESA成员国就进一步研发新型运载火箭、为国际空间站和空间探索提供资金达成一致。

12月3日，日本H2A火箭搭载"隼鸟"2小行星探测器，从日本鹿儿岛县种子岛航天中心发射升空，随后"隼鸟"2成功进入预订轨道。其目标为距离地球约3亿千米的小行星"1999JU3"。

12月5日，NASA的"猎户座"飞船在佛罗里达卡纳维拉尔角使用联合发射联盟（ULA）的"德尔它"4H运载火箭进行了首次无人飞行试验。约4.5小时后，"猎户座"飞船的乘员舱溅落于太平洋海域，之后由美国海军打捞回收。NASA发言人称此次试验标志着"美国空间探索的新纪元"。

12月7日，NASA宣布在距离地球46.6亿千米之外的"新视野"号探测器发回一个信号，在经历漫长的休眠之后，这艘飞往冥王星的飞船已经按计划苏醒,并将开始执行探测冥王星的任务。

12 月 15 日,美国联邦政府综合拨款法案颁布,根据法案条款,NASA 2015 财年的总经费为 180.1 亿美元,比预算申请多 5.5 亿美元。

12 月 16 日,NASA 宣布"好奇"号火星漫游车在大气层中发现了甲烷增多现象,并且还首次确认在岩石中发现有机物。

12 月 18 日,印度空间研究组织(ISRO)成功进行 MK3 型地球同步轨道卫星运载火箭(GSLV)亚轨道飞行试验。该次飞行试验的目标主要有四方面:一是验证新火箭的设计构型;二是验证新火箭在复杂大气环境中的飞行状态;三是验证任务设计、仿真和软件的完整性和有效性;四是研究"乘员舱大气再入试验飞行器"(CARE)的再入性能。

12 月 23 日,俄罗斯最新的"安加拉"A5 大型运载火箭从普列谢茨克成功发射,"安加拉"A5 火箭起飞质量 773 吨,能够将质量 25 吨的有效载荷送入近地轨道,这是俄罗斯火箭工业历史上重要的里程碑,标志着俄罗斯独立进入空间能力进一步增强。

探索途径:美国载人空间探索计划的
理由与方法(节选)

此次调研源于 2010 财年《NASA 授权法案》,请求美国国家学院(National Academies)进行研究以审议"载人航天的目标、核心能力与方向"。对理由的根本调查和持久问题的确定,以及本委员会(美国国家科学研究委员会(NRC))要求将广大公众和利益相关方的意见加以考虑,将这项工作与过去几十年中开展的大量类似研究区别开来。历史上所取得的成就与不确定的未来交织在一起,使载人航天委员会面临着非同寻常的多元化挑战。尽管如此,本委员会已对报告的主要结论和建议达成一致。分析与成果综述如下:

一、引言

从早期的"水星"、"双子星座"飞船和地球轨道任务,再到"阿波罗"登月计划和首架可重复使用的有翼载人航天飞机(美国开展这一系列飞行任务长达 30 年),美国政府连续对其载人航天计划的资助已经超过半个世纪,期间经历了三次战争和六次经济衰退。如今,美国是大型在轨航天器国际空间站的主要合作伙伴。并且,国际空间站也因为其在商业货运飞船和载人在轨飞行方面迈出试探性的一步而成为焦点。然而,后空间站时代的载人航天发展方向仍不太明朗。

美国多位总统曾宣布过一些大胆的探索计划,包括探索月球、火星及小行星,但这些公告却无法与 1961 年肯尼迪总统演讲中所做的类似承诺吻合,其承诺是大幅增加美国国家航空航天局(NASA)开展这些航天计划所需的资金。许多观察家认为,美国政府开展的载人航天计划并没有明确的方向和要完成的具体进度。

本委员会取得研究结果的必要基础可总结为以下内容:

• 实用型与憧憬型共同构成载人航天的理由。"阿波罗"登月计划最初是为了以和平的方式证明美国登月技术优于苏联。"阿波罗"计划产生于存在爆发核战争可能的冷战背景下,且当时世界存在着两种完全不同而存在冲突的经济制度,这样的冲突现在已经结束了。但从经济回报或提高生活品质方面,衡量载人航天对美国的利益还是比较困难的。

• 相对于其他公共政策问题,公众对于空间探索的感兴趣程度一般。在过去50年公众对航天发展的看法普遍积极,但大部分公众对于空间探索并不关注,且认为不应将空间探索的投入列为高优先级。

• 载人空间探索的地平线目标是火星。本报告中,本委员会说明了在人类可预见的未来中,对于载人深空探索有一系列合理目标,其中最遥远、最困难的是载人登陆火星。所有潜在的合作伙伴在为载人深空探索而制定的长期空间计划中都以此为目标。

• 如果载人航天预算的增加仅能抵消通货膨胀带来的额外开支,满足以下定义途径原则的低地球轨道以远载人空间探索计划是不可持续的。低地球轨道以远的运载火箭和航天器计划是不能持续开展的,因为随着时间的推移,固定的市场需求并不能保证飞行频度和安全性,并且现在还缺少能让公众看到短期成果和远期目标之间联系的"跳板",以及它还可能使潜在的国际合作伙伴感到气馁。

在得出研究结果的过程中,本委员会明确,如果美国选择重新进行与载人有关的深空探索计划,需要设法解决一些重要的具体问题:

- 美国低地球轨道以远载人探索的近期目标与传统国际合作伙伴的近期目标不一致;

- 在 2020 年以后继续运营国际空间站将对 NASA 低地球轨道以远探索计划的可持续开展产生短期影响,但同时还需要继续为长期受微重力影响的相关研究提供试验机会;

- 禁止 NASA 对话中国航天部门为其他航天国家作为替补合作对象提供了机遇。

二、美国空间政策变迁

空间探索的早期历史在很大程度上是受国与国之间的竞争驱动的,该事业的实际诞生可以追溯到 1958 年 7 月 29 日签署的《国家航空与航天法案》,该法案促使了 NASA 的成立。受 1957 年 10 月 4 日苏联人造地球卫星发射的冲击,美国的政策制定者开始行动起来,创建并巩固了空间活动的联邦基础设施。NASA 于 1958 年 10 月 1 日正式成立,其最初活动的指导方针来源于最初的法案以及艾森豪威尔政府的初步空间政策。《国家航空与航天法案》制定了美国民用空间计划的 8 个目标:

- 扩展人类关于大气和太空的知识。
- 提高火箭和航天器的实用性、性能、速度、安全性和效率。
- 研制并运行机器人控制和人操控的运载工具。
- 建立长期研究:①可获取利益的;②提供问题解决机会的;③涉及为保护和平以及科学目的开展航天活动问题的。
- 维持美国领导地位及在航空航天科学与技术方面的优势。
- 按要求与国防部门进行合作。
- 美国与其他国家及机构合作,按照法案和平应用其航空航天成果。
- 与有关机构合作,有效利用国家科学和工程资源。

在此基础上,NASA 在 1959 年 12 月起草了正式的长远规划,但长期、稳定的空间政策计划却受到了在空间探索中不断获得成功的苏联的挑战。特别是，随着 1961 年 4 月 12 日人类第一次进入太空，苏联航天员尤里·加加林历史性的太空之旅引发了一系列事件，最终导致 1961 年 5 月 25 日肯尼迪总统在关于国家主要政策的演讲中呼吁美国在下一个 10 年结束之前实现登陆月球并安全返回。由于需要巩固美国在空间领域的信心，在此驱动下，肯尼迪总统决定（且大多数国会议员支持）让 NASA 启动紧急计划来实现登月目标。在接下来的两年里，NASA 预算分别增加了 89% 和 101%。经过 10 年的努力，NASA 成为一个大联邦政府机构，与其相关的承包商的主要工作目标是开发载人空间探索能力，朝着实现载人登月目标方向做出努力，但在"阿波罗"计划结束时，看到的只是联邦预算的份额和视野的缩小。

由于"水星"和"双子星座"计划的成功，NASA 各中心获得了重要的经验，对其从事越来越复杂的载人航天飞行任务、舱外活动、对接和长时间飞行有着极大的帮助。1969 年 7 月 20 日，"阿波罗"11 号航天员尼尔·阿姆斯特朗和巴兹·奥尔德林成功在月球着陆，从而实现了肯尼迪总统的期望。又经历了五次的月球着陆（阿波罗 13 号未着陆），"阿波罗"计划于 1972 年结束。1973—1974 年进行的"天空实验室"计划和 1975 年的"阿波罗－联盟"试验计划都使用过"阿波罗"计划中遗留下来的仪器设备。

实施"阿波罗—联盟"试验计划时，NASA 已经为一项新计划投入巨资，其起源可追溯到以阿格纽副总统为首的空间工作组于 1969 年 9 月提交给尼克松总统的报告。在这份《后"阿波罗"空间计划：未来的方向》报告中，空间工作组确认了 NASA"为全人类利益而进行载人与无人相结合的空间探索计划"，其中可能包括火星任务、空间站和定期到访地球轨道空间的航天飞机建设。但尼克松总统在 1970 年 3 月发表重要声明，空间工作组的目标被降级。尼克松反对"阿波罗"计划的高优先级。实际上过去 40 年以来，这样的做法一直主导着美国民用航天政策。尼克松离开白宫时，NASA 预算已从联邦总预算将近4%的最高点下降到不足1%，随后40年内基本保持不变。

1972 年 1 月，尼克松总统宣布研制部分可重复使用的载人航天器，即航天飞机。这一决定出自于制定后"阿波罗"载人航天计划目标后一系列复杂谈判的结果，其中包括建设地球轨道空间站、开展火星探索任务和航天飞机。NASA 要想保持其以载人航天为中心活动的大型研发机构的地位，就必须在 1971 年推进航天飞机研制。因此，批准航天飞机的决策成为美国在 20 世纪 70 年代及以后民用航天领域的实际政策（20 年后，"哥伦比亚"事故调查委员将其称之为"经费太少、干得太多"）。在尼克松宣布时，因预算进一步削减，原来完全可重复使用的航天飞机方案被降级为部分可重复使用，而后来事实证明这更昂贵且缺乏安全性。

1981 年至 2011 年，航天飞机计划共发射了 135 次，使用了 5 个轨道器："哥伦比亚"号、"挑战者"号、"发现"号、"亚特兰蒂斯"号和"奋进"号。"挑战者"号失事之后，里根总统宣布，商业部门和国防部门所有的有效载荷都将被移出航天飞机，从而放弃了其作为卫星发射系统的原有方案。安全问题最终处于是否延续航天飞机计划的主导地位。2004 年 1 月，小布什总统提出在 2011 年终止航天飞机计划。空间站可追溯到里根总统时期，NASA 领导层预先构筑了在地球轨道上建设大型空间站的理念，以此来强调美国在空间活动中的领导地位以及利用空间的商业潜力。1984 年 1 月，里根总统在国情咨文中指示 NASA"研制永久性载人空间站，并在 10 年内做到这一点"。20 世纪 80 年代新空间站的设计多次修改，主要是因为预算巨额超支、需求不断变化及 1986 年"挑战者"号事故的影响。

1986 年 5 月，美国国会责成美国空间委员会发布《开拓空间前沿》报告，建议了"21 世纪美国的先驱任务"，包括月球飞行任务（约2005 年前）和火星飞行任务（约 2015 年前）。该报告首次承认伴随亚洲经济大国的不断崛起保持美国全球经济领导力的重要性。但"挑战者"号的灾难打破了这种期望,随后 NASA 委任的一个任务组于 1987 年发布了《空间领导地位与美国的未来》报告,建议了"演化和自然发展策略"——"通过注重提高我们的运输和技术能力,而不是目标本身,以此作为必要方法手段,来达成科学和探索目标"。遗憾的是,在考虑这些建议前,美国国会不冷不热的支持以及在美国以外发生的事件,改变了美国的空间政策和计划。

随着冷战将近结束,老布什总统于 1989 年宣布了"太空探索倡议"(SEI)。继"挑战者"号航天飞机之后的自由号空间站以及其后的载人月球任务之后,"太空探索倡议"需要持续的资金投入。但布什总统称,"这一次,要在月球进行持续探索",之后再进一步执行"载人火星任务"。布什总统提到,这些任务都是有历史先例的,例如哥伦布航海或俄勒冈之旅。但由于缺乏国会的支持,在布什总统卸任后,"太空探索倡议"也随之取消。

冷战结束带来了许多新机会。因"自由"号空间站计划超出预算且濒临叫停,NASA 建议将该计划的组件与后苏联(俄罗斯)"和平"号空间站计划的组件相结合建立国际空间站。1992 年 12 月的一项研究("冷战后对美国空间政策的评估")号召美国"制定一项合作策略,以此作为未来总体空间政策制定方法的中心要素"。到此时为止,与俄罗斯的国际合作开始崭露头角,这在很大程度上受到地缘政治问题的驱使,尤其是防止俄罗斯工程师为敌对国家工作和使俄罗斯加入"导弹及其技术控制制度"(MTCR)。合作建设空间站被认为是实现这些目的的理想工具。时任总统克林顿在 1994 年 1 月的国情咨文中宣布了与俄罗斯合伙建立空间站的计划。因此,NASA 执行了"航天飞机—和平"号计划。虽然许多意外事故(包括火灾与撞击,均与航天飞机无关)使该计划蒙上了污点,但经证实,这些经验对美国在国际空间站上与俄罗斯开始合作是至关重要的。

"哥伦比亚"号事故调查委员会(CAIB)对民用空间活动"战略愿景"的缺失表达了失望。因此,小布什总统在2004年1月的重要演讲中提出一项计划以推进跨太阳系载人探索,2020年前重返月球,准备对火星及其他目的地进行载人探索,这一新计划被称为"星座"计划。虽然为该计划提供了大量资金,但它并未获得全面支持。新的奥古斯丁委员会对载人航天进行了集中评审,并于2009年10月发布报告(《寻求与伟大国家相匹配的载人航天计划》),指出资金若没有大幅增加则无法执行"星座"计划。最终,奥巴马总统于2010年2月宣布取消该计划。2010年11月签署的2010财年《NASA授权法案》终止了该计划。

值得注意的是,1969年以后所有的载人航天评估工作组都建议以重返月球作为中间步骤,而把火星作为载人航天的终极目标。

奥巴马政府于2010年6月发布了新版《国家空间政策》。该文件坚持6个非常宽泛的目标:鼓励国内行业、扩展国际合作、加强太空稳定性、提高重要航天计划功能的弹性、开展载人与机器人航天任务、提高科学执行能力与研究地球资源。

虽然美国国家空间政策提供了一般的指导方针,但关于载人航天的实际工作依赖于2005财年、2008财年与2010财年相继颁布的三部《NASA授权法案》中提出的考虑因素。鉴于航天飞机计划的放缓、国际空间站建设的结束与在低地球轨道以远的载人探索计划,每部法案都增补、明确和更新了NASA的近期目标。

2005财年法案确定的目标是在2014年发射新型载人飞船、在接下来的10年中继续从事国际空间站相关活动,并在2020年前让美国航天员重返月球。该法案正式规定"国际空间站美国部分被命名为国家实验室"。

在2008财年法案中,国会强调"发展美国载人航天能力来实现美国对国际空间站的独立使用权与进行低地球轨道以远的探索是美国具有重要战略意义的当务之急"。在长期探索目标方面,NASA授权法案重申了两个相互交织的目标:为设立名为"尼尔·奥尔登·阿姆斯特朗月球基地"的载人月球基地,美国应与其他国家合作,并进行地球轨道以远的探索。

2010 财年法案重申了 1958 财年法案的条款并对 2005 财年法案和 2008 财年法案条款做出了更新。2010 财年法案确认,近地轨道以远的载人航天计划将会促进新兴空间基础设施与技术领域的发展,且载人空间探索的长期目标应该是最终的国际合作火星探索。可实现这一终极目标的策略不但包括开展国际合作,也应采纳"量入为出"的方式。

时至今日,原始的 1958 年《NASA 授权法案》中的相关规定和更普适的指导方针依然指导着 NASA 的活动,而此时美国的载人航天计划正处于一个至关重要的十字路口,尤其是向低地球轨道以远延伸的计划。

三、国际局势

各国合作开展航天活动是航天领域悠久的历史传统,因此当本委员会研究载人航天价值时,把当前及潜在国际合作伙伴的项目和优先顺序明确列为考量因素。对于全球所有参与航天活动的国家来说,合作几乎已成为其空间政策的重要组成部分;如今若没有其他国家的参与,大多数国家不可能执行规模庞大的空间计划。虽然合作原因具有多重性,但在一项针对国际合作伙伴间合作协议的调查中发现,当项目对本国有益时,各个国家才会展开合作。一般来说,国际合作是通过利用多国资源来增加合作项目的影响范围,使每个参与国家都能获得比自己独立开展项目更多的利益。

合作会带来很多益处。通过协调发展并优化规划和资源,合作为各国提供机会来扩大他们任务的收益。假设各个合作伙伴都贡献了自己的能力,则各个合作伙伴作为整体比各个合作伙伴作为个体之和更强大,而且项目成本可由合作伙伴共同承担。对于单个合作伙伴来说,空间计划可能会变得可承受,承担项目的科学专业知识和技术专业知识资源则更加丰富。然而,关于国际合作可减少领导型合作伙伴(如美国)投入的说法的证据并不是决定性的。实际上,NASA 高级官员向本委员会提交的报告指出,国际合作不会减少投入。

正如尼古拉斯·彼得所说:"不是所有国家都看重国际合作;有些国家积极地征求、建立并且努力维护与航天国家的伙伴关系;而其他国家则拥有更民族主义和个人主义的方法。此外,合作并不是静态的,而是高度动态的,是合作伙伴相互适应的互动过程,这反过来意味着其他利益相关方对新形势的适应。"

因此,与短期的项目合作相比,长期的项目合作在本质上存在更多问题,这是因为更长的时间期限大大增加了产生政治分歧的可能性。因此,互惠是稳定的重要来源。作为惯例,合作项目的可行性将依赖于潜在合作伙伴之前的表现。

航天国家的数量明显增加,这提高了合作的可能性。目前,有关载人航天的国际合作伙伴关系和国际合作的焦点是国际空间站。所有的主要合作伙伴都承诺在 2020 年前应用和运营国际空间站。之后,不同的国家目标、资金情况和不断发展的空间态势将会使国际空间站延寿之事变得不确定。关于国际空间站及地球轨道以远的探索,NASA 将继续发挥领导作用(它提出将国际空间站的运行寿命延长至 2024 年的提议证明了其领导作用),这在一定程度上是因为与其他国家的投入相比,美国在这些项目上投入较大。然而,美国的领导性质因美国与不同机构的关系的性质而变化。许多机构指望着美国,也就是说,他们依赖 NASA 载人航天计划的继续来确保与美国的合作,而与美国的合作可以为他们自己的项目提供资金基础。其他机构更关注内部集资、制定规划和目标。

越来越多的国家制定了载人航天计划,包括可能直接有助于 NASA 未来载人航天活动的在研系统或技术开发计划。俄罗斯、欧洲航天局（ESA）、日本和中国的计划受到最多关注。此外，加拿大也是国际空间站计划的积极合伙人，印度也已经公布关于载人航天的长期计划。

各个国家的公众对航天的认知各不相同。对于中国和印度等新兴的航天国家来说，"空间探索表示新兴国家宣布他们已经'进入'全球强国的重要方式之一"，而且空间探索有助于确保在航天强国精英俱乐部中崭露头角。中国把他们的航天员赞誉为中国历史、文化和技术能力的体现。在印度，空间成就代表印度成为世界强国的国家愿望。

俄罗斯的载人航天计划完全围绕国际空间站开展。在俄罗斯联邦航天局于 2013 年 4 月发表的一份空间政策中，俄罗斯政府提出，"航天活动是俄罗斯用来确定其发展水平及对现代世界影响的主要因素之一。"尽管如此，俄罗斯一直努力扩展除国际空间站之外的载人航天计划，在过去 20 年中几乎没有无人登月和其他行星任务。俄罗斯政府继续推进研制"联盟"飞船之后的新型飞船（通用名称为 PTK NP），预计可承载 4 名航天员执行低地球轨道以远的任务，主要是环月轨道，大约可持续一个月。俄罗斯还预计在 2018 年开始进行载人飞船试验，尽管按时完成这项试验极具挑战性。有很多针对探索月球和火星的长期计划，但是考虑到财政现实，这些计划将被并入至少涉及欧洲的全球计划中，俄罗斯 2013 年的空间政策中就强调了这一点，它指出俄罗斯的国家利益——"支持全面参与国际社会关于空间（包括月球、火星和太阳系其他行星）研究、掌握及利用等项目的可能性"。

尽管中国希望与美国合作载人航天计划，但是出于安全考虑，尤其是美国国会内部的顾虑，似乎在短期内没有两国参与共同计划的可能。事实上，中国的计划并不取决于美国是否开展载人航天计划。此外，中国已经声明，中国愿意与其他国家合作实施空间计划，包括俄罗斯和欧洲航天局——无论美国是否参与。在某些领域，空间合作的重心已从美国转移到欧洲;而且亚洲(中国、日本、印度)及拉丁美洲(巴西、阿根廷)作为新中心的重要性日益增长。

欧洲航天局的载人航天计划约占该航天局全部预算的 10%,该项预算几乎全部提供于国际空间站。欧洲航天局是国际空间站的主要投资方。欧洲航天局拥有自己独立的航天员乘组、地面基础设施和科学实验中心,但不具备独立将人员输送至低地球轨道上的能力,其自身具备的能力仅可以确保其主要成员国(法国、德国和意大利)带领的欧洲航天局在国际空间站中占有一席之地,并在载人航天领域承担大型探索任务,虽然这一贡献主要依赖于具备独立开展航天活动的成员国。

日本也是国际空间站的主要合作伙伴,同时也不具备独立载人往返能力。日本拥有一支小规模的航天员队伍,在国际框架协议或合作协议下,不太可能独立开展任何载人航天计划。

印度与美国在空间领域开展合作已有多年,同时也与其他国际组织进行合作。印度已制定载人航天器计划并启动基础研发,在 2014 年初政府已经承诺启动该计划。

未来国际合作涉及的低地球轨道以远空间探索中,本委员会有如下几项发现:

• 很明显,美国载人探索的近期目标不是针对美国的传统国际合作伙伴开展的;

• 考虑到中国空间能力的快速发展,对美国而言,最大利益点是使其成为未来的国际合作伙伴;

• 考虑到火星任务涵盖的范围,国际合作伙伴的资助将会抵消巨大的费用投入。

四、可持续性载人空间探索计划的战略途径

地平线目标:火星

在可预见的技术范围内,人类能够到达低地球轨道以远的目的

地有限,其中仅有两个有明显的重力源:月球和火星。在可预见的未来,火星是可探索的"地平线"目标——在未来可行技术条件及满足人类生理极限情况下能够达到的最远目标。火星是符合本委员会持续探索问题的目标,100多年来,火星内在的魅力使其在普通大众想象力中成为富有吸引力的目标。在任何可行资金的支持下,该计划需要数十年持续努力,将会解决这些探索问题。国家空间政策、国际协调组织和公众对于火星的设想都形成一致意见,火星是载人空间探索的极限目标。本委员会总结:

可持续的载人深空探索计划必须有基本原则,其终极目标应提供长期焦点,不易受未来技术发展失败和事故或者发展过程中政治和经济因素变化影响而遭受中断。

"跳板"

在低地球轨道和火星表面之间是空间区域,基本上是运行区域,建立"跳板"目的地能够在关键技术能力达到的情况下到达更远的目的地。运行区域包括:

• 地—月空间,包括地—月 L2 点、月球轨道和月球表面任务(含月面短期任务和月面基地任务);

• 运行在天然轨道上的近地小行星;

• 对于火星,包括火星飞越任务,同时还有火星卫星、火星轨道和火星表面任务。

随着火箭推进力需求和任务周期的增加,任务需要的费用投入和风险也在增加。延长任务周期将增加元器件失效的危险,增加系统和航天员的辐射暴露量以及增加许多其他技术、生理和心理的风险。月—地空间的载人探索任务具有任务周期可变的特点以及需要适中的速度增量。到达大多数近地小行星的任务需要比月—地任务更多的速度增量,任务周期为 6 个月至 1 年。执行在目的地停留 500 天的火星轨道任务或火星卫星任务所需速度增量与月球表面着陆任务所需速度增量相似,但任务约持续 900 天。一次停留时间为 500 天的火星表面任务将需要更多的速度增量,超过地－月任务或其他 500 天的火星任务。

与 500 天任务相比,停留 30 天时间的火星任务期限更短,但也会需要更多的速度增量,因为此类任务使用了更加困难的地球火星轨道调整。

由于这些原因及其他原因,火星表面任务是目前最困难的,需要克服所有相关技术和生理因素。特别的是,与所考虑的其他任务不同,火星表面的载人任务需要进入、下降与着陆(EDL)系统,从而使大量有效载荷和乘员在火星表面着陆,成本和进度风险都很大。因此,本委员会得出下述结论:

鉴于技术和生理挑战的严峻性,如果国家决定开展以火星为终极目标的载人探索计划,则 NASA 需要开始立即关注高优先级研发投入,用于发展载人火星表面探索能力。目前,最具挑战性的问题包括:①火星表面进入、下降与着陆;②空间推进和能源;③辐射安全(辐射健康影响以及改善)。

……

本委员会不建议采用基于能力或灵活路径的方法,其中未规定目的地的具体顺序。相反,本委员会建议载人空间探索采用"途径"方法,即设定过渡成果和目的地的具体顺序,通常其困难和复杂性逐渐增加,从而实现从一个任务向后续任务的技术前馈,直至实现终极目标。

当有了恰当规划、资助和实施方案时,途径方法将使纳税人能够见证到具有重大目标的探索任务进展,并且支持开发可控的风险和运营速度的管理方式,从而确保保持关键技术能力、操作人员水平及基础设施的有效利用。同时,途径方法应包括解决任务要求和集成所需的技术基础,将航天员和发射器放入系统架构,其关键部件包括辐射安全,先进空间推进和能源以及火星进入、下降与着陆技术。

当载人空间探索计划具有下述特征时,NASA 能够维持该项具有里程碑意义且证明美国空间领域领导地位,同时提供大量重要的国际合作机会的计划:

- 具有合理的逻辑顺序;
- 能够形成足够高的飞行频度,从而确保保持关键技术能力、操作水平以及基础设施的有效利用。

但是,随通货膨胀率而增加的 NASA 载人航天预算无法为火星探索提供一条可行途径。该计划应首先以超过通货膨胀率的幅度增加预算。

途径原则和决策准则

NASA 应采取下述途径原则:

Ⅰ. 设计、维持和实施以解决载人航天可持续发展问题,为清晰地平线目标的低地球轨道以远探索途径。

Ⅱ. 在设计和开发途径早期,吸纳有能力和有意愿的国际空间机构。

Ⅲ. 对于实现到达地平线目的地的途径长期目标,为促进可持续性和保持进展,要明确途径的具体步骤。

Ⅳ. 不断寻求能够解决途径进程中技术和/或计划性障碍的新合作伙伴。

Ⅴ. 建立风险减缓计划,以在出现不可预见的技术或预算问题时维持所选途径。风险减缓计划应同时涵盖转至一条难度低的途径或完全停止计划的决策点。

Ⅵ. 引入探索途径的以下特征,使其能最大化地全面促进科学、文化、经济、政治和启发性效益,且不必为长期目标牺牲进度,这些特征包括:

a. 地平线目标和中期目标均具有促进科学、文化、经济,提振民心或地缘政治利益的特点,以使公共投资有说服力;

b. 任务和目标的序列应允许利益相关方(如纳税人)能够看到

进程和发展,并相信 NASA 能够完成途径;

c. 途径的特征是合乎逻辑的技术能力;

d. 途径应尽量避免使用无法达成途径后期目标的无贡献任务要素;

e. 在不出现不可接受的风险情况下,途径在财政上是可以负担的;

f. 在可用预算前提下,途径能在保留关键技术能力、操作人员熟练度及基础设施有效利用的前提下保证进度。

当应用上述途径原则后,将会认识到当 NASA、美国政府以及国会面临如何处理所选途径的问题时,需要并采用一套可执行的决策原则。本委员会形成的决策原则能够提供实际指导,即当出现主要技术、成本和进度问题且 NASA 沿途径前进时,应采用该指导。决策原则用于为所选途径的整个寿命周期内的可持续计划提供一个框架。当采用途径原则时,允许计划能够处于可接受和形成的限制范围内。本委员会建议 NASA、美国政府以及国会采用下述决策原则:

a. 如果拨出资金级别和预计五年预算推测在已建立的进度表中被禁止,则不要开始该途径;

b. 如果预算禁止使用所选途径,即使 NASA 已经做得非常好,也将"驶出匝道";

c. 如果意外地增加了美国载人航天计划的预算,则 NASA、美国政府以及国会不应重新定义途径(使途径可持续实施的持续预算增加),而是增加资金应用于快速降低重要技术风险或者提高运行速度,从而实现路线预定技术和探索目标;

d. 如果资金限制是在主要新技术和能力形成过程中,为能够解决重要当前技术不足的主要新技术和能力提供优先级,都可以减少总计划成本,允许提高进度,降低开发或者运营风险;

e. 如果存在对途径过程不再起作用的载人航天计划因素、基础设施以及组织,载人航天计划应尽快放弃。

五、小结:可持续的美国载人空间探索计划

载人空间探索需要一个做出长期承诺的国家或实体来承担。因此,本委员会得出结论:

国家领导层对载人空间探索计划的愿景和目标保持一致,对低地球轨道以远的载人空间探索计划非常重要。美国在载人空间探索计划上变化频繁,浪费资源,阻碍进步。美国低地球轨道以远载人空间探索计划的不稳定性,威胁到了国家目标,作为一个国际合作伙伴,这样做不合适。

美国可持续的载人航天计划已开展半个多世纪,奇怪的是,在面对公众最大支持的情况下其表现冷漠。美国缺乏执着、热情且有影响力的关键人物,少数人不足以维系"阿波罗"时代许多航天专家预测可能取得的辉煌。在面对重重困难时又加重了这个问题。频繁的重新规划方向,任务和资源不匹配及政治因素在"阿波罗"结束后为美国载人航天计划制造了非常大的困难。本委员会已得出结论:

简单设定政策目标对于可持续发展的载人航天计划是不足够的,原因是政策目标无法改变计划、技术和预算的现实因素。政策目标制定者需要考虑以下因素:

• 任何有形的可量化效益(如技术副产品、吸引人才从事科学事业、科学知识等)对于载人航天的巨大投入来说不太可能一直呈现与其相应的正收益。

• 触发"阿波罗"计划投资的论点,即国防安全和国际威望,对于当今冷战后的美国似乎没有足够的说服力。

• 虽然大多数公众对 NASA 及其空间计划持肯定态度,但不断增长的经费投入使大多数美国人认为不太值得。同时,大多数美国人不会密切关注这个问题,而那些更加关注此问题的人更支持空

间探索。

这里并无意提倡载人探索而忽略这个时代公众和国家领导人都非常关注的其他问题。大多数预测表明,在未来几十年里,国家债务将不断增长,至少有很大的可能性,载人航天预算将明显低于最近的水平趋势线。如果美国确认载人航天的无形利益仍值得对载人航天的新一轮大量持久投资,则美国需要在技术和财政挑战面前保持坚挺的长期战略。

······

在重振美国载人航天、回答人类命运是否只在这颗小小的地球这一持久性问题时,我们需要努力克服国家的负面态度和财政现实,同时坚持无止境的前沿探索中这一系列虽小但具有决定性的基本原则。

探索外太空：NASA 迈向火星之路的下一步

自人类历史之初,探索和开拓新的领域就作为原动力,驱动和影响着人类文明进化的走向;对于每个不断前进的文明而言,对未知领域的探究是其生命力的证明和保证,因为在一个国家或民族勇敢探索尝试的过程中,他们会有所发现,不断创新,从而让自身更为繁荣和强大,最终立于强者之林。这样的探索史,是美国自身的历史,NASA 则在其中扮演着举足轻重的角色。NASA 的各项探索任务与活动,不论是无人还是载人任务,都在不断地拓宽我们对地球、太阳系甚至整个宇宙的认识;而 NASA 取得的种种成就与创新成果,最终培养出了极富想象力且技术娴熟的人才资源,并直接影响了快速增长的经济水平。NASA 的探索任务不仅有助于提高我国的国际声望,并且可以有效地将各个合作国家团结起来,向着同一个目标共同努力。

在过去的四年中,NASA 在努力推进 2010 年版《NASA 授权法案》的通过。此法案由两党联合颁布,代表着国会和行政部门对于美国下一步空间探索计划的共同立场。法案号召 NASA 研制和改进航天发射系统(SLS)火箭及"猎户座"载人飞船,将人类探索太空的外沿从低地球轨道拓展至月地空间,进而达到探索火星的最终目标。

为什么是火星呢？从科学的角度讲,火星的历史、地理、气候以及接近的难度等特征,使得它成为研究与太阳系起源相关问题,包括寻找地球外生命体的绝佳对象。从人类探索的角度,火星上存在着支持人类生存的资源,使得人类的登陆和活动成为可能。这些资源包括火星两极和大部分表面岩层下的固态水,氮,凝聚态氧以及大气中的水蒸气,它们可以被用来产生氧气供呼吸,合成推进剂以供飞行器从火星表面发射起飞,以及生成营养物质,从而在火星培育作物等。从技术的角度讲,为解决探索火星可能遇到的问题,我们寻找或发明的解决办法能够最终进入民众的日常生活,最终为提高生活质量和推进经济增长所用。

事实上,对火星的探索和研究已经在进行中。"机遇"号和"好奇"号火星车正在火星表面活动,它们采集到的各项证据表明火星上很有可能存在过微生物。"好奇"号的传感器测量了前往火星途中和在火星表面上的辐射环境。火星勘测轨道飞行器和火星奥德赛轨道观测器正在检测火星表面环境和气候环境的具体细节,得到的影像资料将有助于寻找人类未来登陆火星的着陆地点。火星大气与挥发物演化任务(MAVEN)和"洞察"任务将分别研究火星的大气及内部构造,从而使我们得以窥视这颗星球的过去和未来。

探索者们前往陌生领域时,都心怀顺利返航的愿望,想要讲述他们的故事给后人,并指点下次探险的道路;而开拓者们则是冲着在彼处安营扎寨的目的。开拓宇宙空间需要我们从依赖地球的供给,逐渐转换到独立于地球,自给自足在外太空生存。在过去的十三年当中,人类已经连续无间断地在国际空间站(ISS)上生存和工作一段时间,尽管还需要从地球往返运送物资,换言之我们并没有完全实现独立于地球供给之外生存,然而在 ISS 上生活和实验的经历,使得我们在长时间、长距离操作空间设备方面有了更充足的经验。我们将利用月地空间的试验场地,来进一步完善技术,使得诸如捕捉和重定向小行星,以及航天员对之进行取样和研究等任务所需的技术更为成熟。在此试验场地上进行的种种试验,有助于我们不依赖地球探访火星任务的准备实施。

任何探索和开拓的行动都伴随着不同程度的危险。NASA 的计划是先利用无人设备作为先行者，以现有的火箭发射装置和从 ISS 工程中获取的经验及设施作保障，再利用月地空间作为试验场，在月－地系统内研究和试验人类探访火星所需的技术和设备，并逐步推进。与其他所有开拓性的行动一样，当我们试图打破原有的边界，将人类对宇宙的探索推向一个新的高度时，有可能需要冒着牺牲生命的风险；但是伴随着危险而来的种种益处往往是清晰而有说服力的。因此风险并不会阻止我们的脚步，先行的各项试验将会使我们更清晰地认识到前往火星过程中可能遇到的种种困难甚至危险，从而让我们准备得更为充分。

NASA 探访火星的行动并不是独自进行的。来自世界各地 12 个国家的航天机构在 2013 年 8 月联合发布了第二版全球探索线路图，这份国际性的路线图建立了不同国家航天部门之间的合作框架，明确了具体任务当中的合作关系，提出了各个国家商讨未来计划和来自股东投资的共同立场。美国的很多商业公司也在想办法将他们的业务拓展到太空领域，当他们跟随我们的脚步进入地球轨道，并尝试在那里开拓市场的时候，我们期待着他们的加入，携手共同探索宇宙空间。

关于空间探索的优先次序，与我们的合作伙伴及股东们——公众、国会、学术界、工业界和国际合作伙伴——展开的对话对未来的发展至关重要。对于规划开拓太阳系的路线，我们从未停止寻求意见和建议。现有的文件指出了人类这次探索之旅的策略和计划，正是对现下状况的不断修正和改进，才有可能使得设备更为先进，合作伙伴关系更为成熟，国际间和全球探索优先顺序的联系进一步深化。

探索火星是人类开拓之旅的下一个前沿，需要国家之间的携手合作。在火星探索无人任务、国际空间站（ISS）、商业载人空间任务、"猎户座"飞船以及空间技术任务委员会的各项项目中取得的技术成就的基础之上，美国已经做好了准备，领导突破下一个人类探索极限的浪潮。如我们的 2014 年战略规划所述，NASA 的目标是将人类探索宇宙的足迹扩展至太阳系，最终登陆火星。

探访火星的准备工作

NASA 的深空探索与探访火星计划有一个重要的指导原则，即可持续性。人类如果想要在深空中持续生存，我们探索使用的程序、运输方式、生存支持系统，以及工程的合作伙伴关系等，都必须能够在相当长一段时间内，面对政治和经济变动，技术进步和科学发现时，始终保持可持续的特性。

对于探访火星的技术系统，NASA 针对这方面——即可持续发展的能力——提出了一种模块化的实现方式：可循环系统。此系统可以在任何可能的地方和时间进行循环作业，比如先进的太阳能电力推进系统和深空栖息地等，并且能够兼容各种国际和商业性质的参与合作，合作伙伴们可以分担费用，共同使用设备，从而回馈给社会更可观的科技和经济收益。

为了在各个方面实现可持续性，NASA 目前正在与投资者们商议以下规则，以期指导计划的规划与实施：

（1）近期根据当前预算的购买力实施，长期则要与经济增长点预算相适应；

（2）将高技术成熟度水平（TRL）应用在近期任务中，同时注重应对未来任务挑战技术和能力上的持续投入；

（3）不论载人还是无人飞行任务，近期任务有明确的节奏和规划，从而为长期任务打好基础并逐渐进步；

（4）从 ISS 后勤与商业化、多用途可发展的空间基础设施方面，学到了商业经验与基础，它将为进一步增强美国商业经验与基础提供机会；

（5）重大的国际和商业参与项目要充分利用现有的国际空间站合作伙伴关系。

在这些成熟的原则指导下，NASA 正在明确指定长期、灵活和可持续发展的深空探测体系构架，命名为"进化型火星战役"，这几个字深刻而具有重要意义。

"火星"是目标，"进化型火星战役"表明在现有条件下，我们已经达到的科学、工程和技术水平，还难以保证人类的成功登陆火星和安全返回。因此，"进化型火星战役"强调利用月地空间测试我们的工程系统和技术能力，为将来的火星任务做好准备；除此之外，它还提出可以利用火星的两颗卫星火卫一和火卫二，以其作为最终登陆火星的前期步骤。

"战役"意味着多重任务这个事实，无论是机器人还是载人任务，都将包含在火星探测和开拓任务中。这并不是一个单单登陆火星就万事大吉的简单任务，而是一步步地发展技术，充实能力，在保证可持续性的前提下，从超越低地球轨道开始，最终达到探索和开拓火星的目的。现阶段我们还有大量的技术难题需要解决，如在火星极其稀薄的大气环境中完成降落和发射，"好奇"号火星车降落时使用的降落系统只能承重 1 吨，然而载人的情况下需要降落系统的承重能力达到"好奇"号的 10 倍以上，这种情况下并不是将原有的系统简单地等比放大就可以了。

"进化型"指出很多科学和技术的问题我们现在并没有答案，即便当我们发射第一批探索飞行器时也并不能找到全部的答案，然而我们的期望是随着探索行动的进行，能够解决越来越多的难题。事实上，相当数量的科技研究已经正在进行中了，并且在 2014 年底会得出初步结果。这些研究的范围包括：货运和载人航天任务，以上两者的轨道问题，地球—火星同步机会的相对优势，火星拉格朗日点及其卫星的利用，以及为减少对地球提供后勤运输的依赖以及原位资源利用潜力的研究等。随着对太阳系认识的日益增长，也应意识到将来的发现能够、也应当指导火星任务的第一步。

简而言之，"进化型火星战役"为构架体系发展，为与合作伙伴、利益相关者进行商业投资与分析提供了一个基础,并且结合了各方面的灵活性,从而得以在未来几十年里方便调整任务的优先顺序。从这项成果中可以进一步得到发展的具体路线图,跟随路线图的规划,我们将从地月空间向火星进发。

从依赖地球供给到独立探索

从根本上讲,人类要将自己的足迹延伸到太阳系,进而到火星表面,需要从依赖地球供给的技术水平逐渐提升到能够独立于地球进行探索的技术状态。我们目前的阶段是依赖于地球的。目前国际空间站的航天员们还是需要地球定期的后勤物资供给,并依靠来自地球的载人飞行器在 ISS 和地球间往返,这需要的花费数小时的时间。然而从火星返回地球,不论是计划内任务还是紧急状况,都需要一到两年的时间——因此必须在安全等方面做到自给自足。未来某一天一旦着陆火星,这些探索者们将脱离地球补给,依靠原位资源自给自足。为实现这个目标,需要首先突破低地球轨道,进入地月空间试验场,做到自给自足,低地球轨道在此空间内的往返时间可达到数天甚至数周,如此我们就可以得到更多关于先进探索系统,更为复杂的深空操作,以及长距离探索任务时,在强辐射环境下的人类健康问题的经验。我们只有完全具备以上种种能力之后,才能有条件准备独立于地球的远程太阳系探索活动。

ISS 是太空探索与开拓的基石,是美国国家实验室,这里进行的实验包括长期驻站航天员健康和绩效,宜居性、后勤设备,高可靠性闭环生命保障系统、先进出舱活动(EVA)及系统长期在微重力环境中性能等。ISS 运营延长至 2024 年之后,将使 NASA 的研究项目得到更深入发展,将有效减小长期飞行任务带来的种种风险,这些研究包括低重力环境对骨骼、肌肉、心血管及感觉运动系统等的影响,营养学,行为表现,免疫学,以及给航天员提供远程医疗保健服务。目前预防骨骼和肌肉流失的措施是针对 6 个月驻留期,这些措施是否适用于长期火星任务还需要进一步研究。环境控制和生命保障系统用于保证舱内的新鲜空气、水和热控,对于火星探索任务也至关重要,同样将在 ISS 上进行测试。此外,随着 NASA 想低地球轨道之外空间拓展,低地球轨道商业航天计划有利于培育一个繁荣蓬勃的美国航天工业。最后,ISS 是 15 个国家(组织)共同合作完成的,有 68 个国家参与空间站科学研究,这是人类未来探索和开拓太阳系空间的合作基础。

SLS 和"猎户座"载人飞船,以及与之相关的地面系统初期进展顺利。"猎户座"飞船的第一次探索飞行试验(EFT - 1)于 2014 年底进行,届时飞船将会搭载"德尔它"4 火箭发射升空,目前系统的所有主要部分已经就位。SLS 的制造装配在米丘德装配厂进行,发射架、移动发射台及飞船总装车间的升级改造则正在 NASA 肯尼迪航天中心进行。2016 年底之前,SLS 的首个核心部分将被运送至斯坦尼斯航天中心,准备进行热防火测试。探索任务 - 1(EM - 1)的第一次 SLS 发射将于 2018 年进行,到时将搭载"猎户座"飞船,并动用地面系统设备。这次任务远至月球的远程逆行轨道(DRO),接着利用月地空间的试验场,进行 DRO 轨道运行,和高辐射环境的系统测试,并演示有史以来对飞行器进行离地球最远的远程操作。探索任务 - 2(EM - 2)计划于 2021—2022 年间进行,将首次搭载航天员进入月地空间试验场,任务计划历时 25 天,将测试人类独立于地球生存和工作的能力,SLS 和"猎户座"飞船将作为航天员和货物运输的工具。最初的 SLS 火箭只能把 70 吨的重量送入低地轨道,经过升级后载重能力可达到 105 吨和 130 吨,具备执行火星任务的能力,也可作为用于运送政府和 NASA 的科学研究物资的运输工具。"猎户座"飞船也将进行升级并增大容量,以满足长期探索任务的需要。

对新技术和先进装备的持续投资,对于超越低地球轨道探索深空和火星的研究活动至关重要。为实现低地球轨道以远的运输,

SLS 和"猎户座"飞船的相关研制项目正在进行中,同时其他数项额外(且必需)的技术正在研发当中,它们由 NASA 的空间技术任务委员会(STMD)和先进探索系统部(AES)共同执行,包括概念化、研发和测试等多个阶段。这两个机构将低技术成熟度水平的技术发展到可应用的水平,使其能够在火星探索任务当中发挥作用。目前和未来研究的关键技术领域包括:

(1) 基于太阳能电推进和推进剂低温储存的高效空间运输系统;

(2) 空间光通信和先进深空导航,用于高效数据传输和航天器位置与状态指示保障;

(3) 先进的高可靠、高效生命保障和原位资源利用,用以保障深空探测任务能不依赖地球安全进行;

(4) 火星进入、下降和着陆技术与系统,要比"好奇"号漫游车着陆系统的能力至少提高一个数量级;

(5) 空间机器人系统和自动控制,如仿生机器人和自主漫游车,能分担航天员的工作,充分扩展人在居住舱内实施的科学探索;

(6) 轻型空间结构和先进制造业,重点是大型复合材料结构、复合运载火箭结构和轻型居住舱;

(7) 表面发电和存储系统,为深空居住、维持生命、实施科学研究和探测提供能源。

有关部门正在升级其空间技术路线图和空间通信技术投资计划,将详细列出 NASA 在各方面要努力完成的具体技术,重点是将 NASA 的技术成就整合起来,最有效地实现 NASA 的战略目标。

探访火星的必经之地:月地空间

月地空间是前往火星必经之地,我们可以充分利用此区域的优势,同时也可以协同国际和商业界的合作伙伴,研发探访火星任务中需要的硬件设备,并从中获得大量经验。NASA 目前正在规划

"猎户座"飞船/SLS、EM－2 和 EM－3 的任务目标，使其满足与在月地空间进行小行星重定向任务（ARM）有关的试验操作需求。选择小行星目标后，2019 年 NASA 将发射 ARM 无人飞行器，捕获大型小行星并将其带到环月远程逆行轨道，NASA 预计这项任务将持续26 到 28 天，其中包括 5 天的环月远程逆行轨道飞行，飞行期间"猎户座"飞船将与 ARM 无人飞行器交会对接，航天员进行出舱活动获得小行星样本。

月地空间的另外一个优势是飞行器能够利用较少的能量在月球和火星之间进行转移，这样就避免了进出地球重力场的能量消耗，如此既延长了人类探索任务的驻留时间，拓展了活动范围，又实现了低成本航天活动。这项任务中，ARM 将会在深空环境下，使用先进的太阳能电力推进系统（SEP）、自动交会对接、深空导航定位、无人和载人飞行器操作等系统和技术，测试对大型物体的运输转移能力；此外，未来要进入月地空间和火星任务，"猎户座"飞船的舱外活动也必须得到锻炼。NASA 计划直接运用 ARM 的 SEP 和飞行器来执行第一次火星及其卫星之间的物资运输任务。为了保证高效低成本，NASA 或将借助商业航天能力获得所需设备和系统。另外一个方案是，在 ARM 的飞行器执行完第一个任务之后，我们可以对其进行适当改造，将它作为本地资源利用（ISRU）载荷送至火卫一上，并返回至环月远程逆行轨道。只要安装上新的进入、降落和着陆设备，将一台科学仪器或 ISRU 载荷送上月球表面是完全可以实现——任何情况下尽可能循环利用空间设备是我们遵循的原则。ARM 飞船的另一个任务是可以为选择火星路径、减少人类探索者所面临的风险提供必要信息。

火星探索任务至少需要数百天的生命保障，深空居住地能力关系着任务成败，在形成最终设计并交付火星任务乘组前，该设计必须要在一个相关的深空微重力环境和高辐射环境中得到充分检验。许多合作伙伴想将人送到月球表面，NASA 可能有某种程度的参与，但是 NASA 的载人航天飞行主要关注地月试验场长期驻留任务的先进技术和运营经验、DRO 任务利用，以及通向火星的路径。

月球是全球探索线路图（GER）参与国的共同兴趣所在，更多的国际合作伙伴更感兴趣的是在月球表面的无人和载人探索任务，NASA 也将通过某种特定方式参与其中。美国的许多商业公司对于 NASA 的"月球催化剂"项目当中的无人探测任务倍感兴趣，该任务旨在开启商业公司登月的先河。预计在 10 年后，NASA 将会利用一台商业组织提供的着陆器，将一台表层环境和氧气及挥发性物质提取装备（RESOLVE）送到月球表面，用以进行月面的本地资源利用实验。根据 GER，由 NASA 及其国际、商业合作伙伴将同时从月球周边及表面探索任务中获益。然而 NASA 的注意力将主要集中在火星探索任务上，包括为了达成此目标，在月地空间试验场和月球远程逆行轨道任务等长期飞行任务中研发和完善更为先进的技术，进行各种必要的操作实验。环绕火星的轨道如火卫一、火卫二，都可以作为人类探索火星周边的交通和货运中转站，因此，在月球和火星之间往来的由太阳能电力推进系统驱动的空间飞行器，将会成为人类探索火星任务当中不可或缺的部分。

向着独立探索的目标前进

NASA 和合作伙伴已经开始了探索火星表面的活动，通过操作火星表面的无人火星漫游车等设备对火星进行研究，我们正在为将来登上火星的人类先驱做着周密准备。现阶段的火星探索成果为我们展示了这颗红色星球的种种奇妙之处——它曾被厚厚的大气层包围，表面甚至存在过液态水——然而一系列变故改变了这一切；也许通过火星，我们可以对地球所经历和将会经历的有更深的理解。目前研究结果表明，在火星的稀薄大气中可以找到氮气、微量氧气及水蒸气，甚至可以在两极和表层下找到固态水。这些珍贵的物质可以为将来的人类探索者提供推进剂及可供呼吸的空气。

在"好奇"号火星车之后,NASA 预计在 2020 年再次发射火星车,探索结果将回答火星上是否存在过生命,以及如何使人类能够在火星表面生存等问题。

2020 年发射的火星车将会在火星表面采集和贮存样本,以备在后续任务中返回地面,这项探索对行星科学研究的意义重大,可以为将来的火星探索任务提供极其珍贵的资料。目前,火星勘测轨道飞行器正在观测火星的气候和表面状况,为 2020 年火星车和未来人类探访火星选择合适的着陆点。

在火星上,人类和探测器将并肩协作。探测器可以率先进入到充满危险的新环境中,可是它们和环境的交互能力在速度、直觉和效率方面完全无法与人类比肩。如果能将人类地质学家和天体生物学家直接送到火星上,研究进程将大大加快,从而可以更好地保障后续人类开拓者的安全和效率。实现独立于地球的探索与开拓能力是一项至关重要的任务。

下一个 10 年任务规划

NASA 的下一步探索计划是将人类的足迹扩展到太阳系和火星表面。

ISS:美国已经宣布将国际空间站的使用期限延长至 2024 年以后,我们现在正在等待国会通过授权。ISS 的合作伙伴将于 2015 年进行驻站一年的任务,任务涉及美、俄各一名航天员,旨在解决长期空间飞行任务中面临的问题和需求。

商业载人运输能力:NASA 与商业公司签订一项合同,从 2017 年底,向国际空间站运输航天员。2014 年底,NASA 对商业伙伴进行挑选,进入研发和认证阶段.

探索飞行试验-1(EFT-1):2014 年 12 月,第一艘"猎户座"飞船将搭乘"德尔它"4 火箭发射升空,飞船完成任务后会穿过地球大气层返回。这将是对"猎户座"系列飞船隔热层和其他关键系统的一次测试,将决定第一艘"猎户座"载人飞船的最终设计。

进入、下降和着陆(EDL)能力:气动减速器被认为是未来 NASA 星际探索任务中的关键技术之一,现阶段还没有完全实现。STMD 正在投入研究不同级别的气动减速器,例如高超声速充气、超声速充气、机械展开和超声速降落伞等。这项技术的先进之处在于此充气减速器是在低密度超声速减速器(LDSD)和高超声速充气大气减速器(HIAD)项目中实现的。LDSD 项目正在研究在高海拔气球上抛下的火箭推进飞行器以超声速飞行时,充气减速器和先进的降落伞的应用;HIAD 项目计划在接下来的几年内进行一系列地面和飞行试验,以验证用以抵抗进入大气层严酷的结构与热环境时所使用的热弹性材料的可行性;STMD 参与投资了 SpaceX 公司的机械展开方式的高超声速气动减速器以及超声速制动推进技术,利用 SpaceX 公司的发动机的第一阶段返回数据,有助于理解超声速推进器在大气环境下的表现。

探索任务-1(EM-1):NASA 将于 2018 财年进行"猎户座"飞船和 SLS 的第一次综合飞行测试,"猎户座"飞船将进入月球远程逆行轨道,该轨道在未来的人类探索火星计划中占据着重要的地位。EM-1 中也将使用欧洲航天局(ESA)提供的后勤舱,这是人类探索深空的一次合作。

小行星重定向任务(ARM):在 2019 年左右,NASA 将会发射探测器,与一颗近地小行星(或较大行星分离出的岩块)交会并对其进行重定向,将它导引到月球轨道,在此任务过程中验证未来火星任务中将会用到的操作技术。2014 年底之前将确定任务目标小行星,2015 年上旬会把此目标提交进行任务确认审核。此任务将验证改进升级 50 吨级的大推力太阳能电力推进系统,以适应未来火星探索任务当中所需货物供给的高效运输。

2020 年火星计划:NASA 将于 2020 年发射一台新的火星车,用来寻找火星上生命存在过的迹象。火星车在降落过程中隔热层的数据将会为未来载人火星任务的进入、降落和着陆设计提供参考。该火星车担负的科学和探测研究任务,为未来载人火星任务获取信息。

探索任务 - 2(EM - 2):2021—2022 年,NASA 将会发射第一艘"猎户座"载人飞船。飞船最多搭载四人,是人类有史以来最深入太空的一次冒险。

探索高级阶段:NASA 正在研究以探索任务 - 3(EM - 3)为代表的空间探索的高级阶段,并会将 SLS 载重升级到 105 吨级水平。

小行星载人重定向任务(ARCM):NASA 计划在小行星进入月球轨道稳定运行之后,紧接着就进行载人重定向任务,具体实施时间取决于小行星的轨道属性。ACRM 计划强调了除"猎户座"飞船和其他关键操作技术之外,EVA 等技术的重要地位。

提供拓展探索领域的合作伙伴:NASA 正在进行深空驻留系统研究,该系统极有可能由商业或国际合作伙伴完成。

总结

我们迈出了前往火星之路的第一步,未来的任务规划、技术研究和设备研制稳步推进,包括 SLS、"猎户座"飞船、ARM 和其他多项技术在内的空间设施也正在建设和发展当中。接下来我们将与各合作伙伴共同完善、改进我们的火星探索线路图,不断充实其中的细节和某些主要部分。我们将在财力和技术允许的范围内,不断完善和坚定推行火星计划,着眼于人类所能到达的极限,为了国家和全人类更好的未来共同努力。

国际空间站第 39 长期考察团乘组简介

（任务时间：2014 年 3 月—2014 年 5 月）

　　第一排右侧的是指令长日本航空航天探索局航天员若田光一（Koichi Wakata），左侧是飞行工程师 NASA 航天员史蒂夫·斯万森（Steve Swanson）。后排从左至右是飞行工程师俄罗斯航天员奥列格·阿尔捷米耶夫（Oleg Artemyev），亚历山大·斯科沃尔佐夫（Alexander Skvortsov），米哈伊尔·秋林（Mikhail Tyurin）和 NASA 航天员瑞克·马斯特拉基奥（Rick Mastracchio）。

指令长　若田光一

　　现年 51 岁，航空航天工程博士，日本航空航天探索局航天员。1992 年入选日本国家空间开发局航天员。1996 年参加航天飞机 STS-72 任务成为第一位日本任务专家。2000 年参加 STS-92 任务，成为第一位参加国际空间站组装的日本航天员。2006 年担任 NASA 极端环境任务作业（NEEMO）第 10 次任务指令长。2009 年作为第一位驻留在国际空间站上的日本航天员、飞行工程师和日本科学家参加了国际空间站第 18/19 和 20 长期考察团，以及 STS-119 和 STS-127 任务。2013-2014 年，参加国际空间站第 38/39 长期考察团，成为第一位日本国际空间站指令长，也成为迄今为止停留在太空中累计时间最长的日本人。

飞行工程师　瑞克·马斯特拉基奥

　　现年 54 岁，电子工程学硕士，物理学硕士，NASA 航天员。早年在 NASA 从事航天飞机软件开发工作。1996 年入选航天员。1999 年担任 STS-106 任务发射 / 再入飞行工程师，机械臂主操作员。2007 年在 STS-118 任务，2010 年在 STS-131 任务中，都完成了三次出舱活动。在第 38/39 长期考察团任务期间，执行了 3 次出舱活动，完成替换故障冷却泵和备份计算机继电器箱等工作。

飞行工程师　米哈伊尔·秋林

　　现年 54 岁，航天机械工程硕士，俄罗斯航天员。早年在能源公司担任工程师。1993 年入选航天员。2001 年参加国际空间站第 3 长期考察团。2006 年担任"联盟"-13 飞船指令长和第 14 长期考察团飞行工程师，并执行 5 次出舱活动，累计 25 小时 32 分钟。参加第 38/39 长期考察团，完成第三次飞行任务之后，累计在太空停留时间为 532 小时。

（图片来源于美国国家航空航天局网站）

国际空间站第 40 长期考察团乘组简介

（任务时间：2014 年 5 月—2014 年 10 月）

从左至右为飞行工程师俄罗斯航天员亚历山大·斯科沃尔佐夫（Alexander Skvortsov），指令长 NASA 航天员史蒂夫·斯万森（Steve Swanson），飞行工程师俄罗斯航天员奥列格·阿尔捷米耶夫（Oleg Artemyev），欧洲航天局航天员亚历山大·格斯特（Alexander Gerst），俄罗斯航天员马克西姆·苏拉耶夫（Maxim Suraev）和 NASA 航天员里德·怀斯曼（Reid Wiseman）。

指令长　史蒂夫·斯万森

现年 54 岁，计算机科学博士，NASA 航天员。早年在 NASA 担任航天飞机模拟器系统工程师。1998 年入选 NASA 任务专家。2007 年参加航天飞机 STS-117 任务，执行 2 次出舱活动进行空间站建造和维修。2009 年参加 STS-119 任务，执行 2 次出舱活动，进行空间站右舷桁架 S6 和太阳能帆板的安装部署。2014 年参加第 39/40 长期考察团，期间进行了各种地球遥测和生理学研究。目前完成 26 小时 22 分钟的出舱活动和总计 192 天 15 小时 41 分钟的航天飞行。

飞行工程师　亚历山大·斯科沃尔佐夫

现年 48 岁，俄罗斯空军上校，加加林航天员中心试飞航天员，飞行学院毕业。早年在空军服役，为一级飞行员。1997 年入选航天员，2000 年开始进行国际空间站高级训练。2008 担任第 21/22 长期考察团备份飞行工程师。2009 年担任第 23 长期考察团飞行工程师，第 24 长期考察团指令长。

飞行工程师　奥列格·阿尔捷米耶夫

现年 44 岁，低温物理学专业硕士，俄罗斯航天员。2003 年入选航天员，2005 年参加冬季生存和应急着陆训练，2006 年参加水上救生训练，2007 年参加冬季野外生存训练，2007 年参加 14 天 MARS－500 实验，2009 年参加 105 天 MARS－500 准备实验。2011 年，担任俄罗斯航天员。

（图片来源于美国国家航空航天局网站）

国际空间站第 41 长期考察团乘组简介

（任务时间：2014 年 9 月—2014 年 11 月）

从左至右为：飞行工程师 NASA 航天员里德·怀斯曼（Reid Wiseman），欧洲航天局航天员亚历山大·格斯特（Alexander Gerst），指令长俄罗斯航天员马克西姆·苏耶夫（Maxim Suraev），NASA 航天员巴里·威尔莫（Barry Wilmore），俄罗斯航天员亚历山大·萨莫库季亚耶夫（Alexander Samokutyaev）和叶琳娜·谢罗娃（Elena Serova）。

指令长　马克西姆·苏耶夫

现年 42 岁，俄罗斯空军上校，加加林航天员中心试飞航天员，飞行学院毕业。早年在空军服役为三级飞行员。1997 年入选航天员。2009 年担任国际空间站第 21/22 长期考察团飞行工程师，"联盟"飞船指令长，执行一次出舱活动，连接"星辰"和迷你研究舱之间的线路。2014 年参加第 40/41 长期考察团，完成一次出舱活动进行科学有效载荷的拆卸和释放。

飞行工程师　里德·怀斯曼

现年 39 岁，系统工程硕士，美国海军中校，NASA 航天员。早年在海军服役，2009 年入选航天员，2011 年完成预备航天员训练。2014 年加入国际空间站第 40/41 长期考察团乘组，期间参与了多项科研工作、技术验证、出舱活动以及教育活动等。

飞行工程师　亚历山大·格斯特

现年 38 岁，自然科学博士，德国人，欧洲航天局航天员。入选航天员之前一直从事地球物理学研究。2009 年入选欧洲航天局航天员，2010 年完成基础训练。2011 年确定参加国际空间站 6 个月任务，担任第 40 和 41 长期考察团飞行工程师，期间在空间站上的综合研究计划包括大量欧洲和国际科学实验，称为"蓝点任务"。

（图片来源于美国国家航空航天局网站）

国际空间站第 42 长期考察团乘组简介

（任务时间：2014 年 11 月—2015 年 3 月）

前排站立的是指令长 NASA 航天员巴里·威尔莫（Barry Wilmore）和飞行工程师特里·沃茨（Terry Virts）。后排从左至右为俄罗斯航天员叶琳娜·谢罗娃（Elena Serova），亚历山大·萨莫库季亚耶夫（Alexander Samokutyaev），安东·什卡普列罗夫（Anton Shkaplerov）和欧洲航天局航天员萨曼塔·克里斯托弗雷蒂（Samantha Cristoforetti）。

指令长　巴里·威尔莫

现年 52 岁，航空系统硕士，美国海军上尉，NASA 航天员。早年在海军服役。2000 年入选航天员。完成 2 年的训练和评估之后，他被指派担任航天员办公室的技术职务。2009 年参加航天飞机 STS-129 任务，担任飞行员，乘组向空间站运送了两个快速后勤搬运器和大量替换部件。2011 年还担任 STS-135 驾驶舱联络员。2014 年担任第 41 长期考察团飞行工程师和第 42 长期考察团指令长。

飞行工程师　亚历山大·萨莫库季亚耶夫

现年 44 岁，俄罗斯空军中校，加加林航天员中心试飞航天员，飞行员学院毕业。早年在空军服役。2003 年入选航天员。2003—2005 年完成了基础航天飞行训练并以优异的成绩通过考试。2005 年获得试飞航天员资格。2005—2008 年进行国际空间站高级训练。2008 年作为第 23/24 考察团备份乘组训练。2014 年担任第 41/42 长期考察团飞行工程师。

飞行工程师　叶琳娜·谢罗娃

现年 38 岁，航空学院学士，经济学硕士，俄罗斯航天员。入选航天员之前在能源公司担任工程师。2006 年入选航天员。2007 年开始航天飞行基础训练。2009 年获得能源公司试飞航天员资格。2011 年担任俄罗斯航天员。2014 年担任第 41/42 长期考察团飞行工程师。

（图片来源于美国国家航空航天局网站）